农民教育培训精品教材

# 农民教育
## 培训必读

◎ 刘丽红　刘　云　陈玉明　主编

中国农业科学技术出版社

**图书在版编目（CIP）数据**

农民教育培训必读／刘丽红，刘云，陈玉明主编．—北京：中国农业科学技术出版社，2019.7

ISBN 978-7-5116-4286-8

Ⅰ．①农…　Ⅱ．①刘…②刘…③陈…　Ⅲ．①农民教育-职业教育-中国-手册　Ⅳ．①G725-62

中国版本图书馆 CIP 数据核字（2019）第 135368 号

| | |
|---|---|
| 责任编辑 | 白姗姗 |
| 责任校对 | 马广洋 |

| | |
|---|---|
| 出 版 者 | 中国农业科学技术出版社 |
| | 北京市中关村南大街 12 号　邮编：100081 |
| 电　　话 | （010）82106638（编辑室）　（010）82109702（发行部） |
| | （010）82109709（读者服务部） |
| 传　　真 | （010）82106650 |
| 网　　址 | http://www.castp.cn |
| 经 销 者 | 各地新华书店 |
| 印 刷 者 | 北京富泰印刷有限责任公司 |
| 开　　本 | 850mm×1 168mm　1/32 |
| 印　　张 | 6 |
| 字　　数 | 156 千字 |
| 版　　次 | 2019 年 7 月第 1 版　2019 年 7 月第 1 次印刷 |
| 定　　价 | 39.90 元 |

# 前　言

实施乡村振兴战略，人才是关键，农民是其中一支重要力量。目前，这些爱农业、懂技术、善经营的农民正在全国各地挥洒汗水，用知识和技能带动更多村民共奔致富路。他们有的创新经营模式带动村民一起富，有的发展新的种植技术惠及贫困户，有的找准新方向在荒滩上种出了绿色农产品，为乡村振兴带来新动能。

书中语言通俗易懂，技术深入浅出，实用性强，适合广大农民、基层农技人员学习参考。

编　者

2019 年 6 月

# 目　录

# 第一章 农民教育培训

农民教育培训工作是提高农民素质、增强农民增收致富本领的必要手段。在新的形势下，农民教育培训应突破旧的教育培训定式，重点围绕以技能提升、能力发展和辐射带动为方向的培训对象，强化分层分类农村人才培训模式，形成服务社会、打造精品的培育导向，为农村经济发展和农业现代化提供全方位、多层次、高质量的教育服务。

## 第一节 农民教育培训的概念及基本内涵

"建设现代农业，发展农业经济，增加农民收入，是全面建设小康社会的重大任务。"要完成这一任务，就必须实现农村的工业化、城镇化与现代化的发展目标。而要实现这一目标，首先必须加强农民培训和农村人力资源开发，培养一大批觉悟高、懂科技、善经营的农民，全面提高我国农民的思想道德素质和科技文化素质。当前我国农民培训工作不仅与全面建设小康社会和农业现代化的要求还有较大差距，而且还面临着许多需要深入探讨和研究的理论和实践问题。因此，本节试图从理性分析的角度出发，对农民培训模式的若干问题进行理论研究和探讨，以资交流。

关于农民培训，首先有必要对培训加以解释。培训与教育，这两个概念有较大的联系，但也有所不同。教育是广义概念，内涵更为全面，主要是指教育者引导受教育者使其完善地发展，既要开发人的智力，发展人的个性特长，又要培养人的思想品德，增进人的健康，是一个长期的过程。相对而言，培训则是狭义的，它是教育的一部分，主要是指培养和训练，重在提高人的某一方面的技术和能力，使之具备某一方面的特长，它力求在较短的时间内，以最小的投入，最有效地培养出掌握一定技能的人，以获取最大的效益。据此，农民培训就可以定义为培训主体对农村区域的农民进行技能训练或短期再教育的活动。从国内已有的部分研究资料看，有不少文章提到了农民培训模式一词，且其中有一些文章还冠以农民培训模式的标题，介绍国内某地开展农民培训的工作情况。但此类文章更多地是在对该地区的农民培训工作做经验总结，对培训模式本身的理论探讨与实证研究都还显得不够，特别是文章所称的农民培训模式是否能够称为模式还有待商榷。编者将农民培训模式定义为在一定客观条件下，针对农村区域的农民进行技能培训或短期再教育活动的标准样式和理论体系。

## 第二节　农民教育培训的构成要素

从系统结构理论分析出发，我们不难看出：农民培训模式是一个系统概念，主要由培训目的、培训目标、培训主体、培训客体、培训内容、培训规则、培训评价体系等要素构成。农民培训模式的形成过程，实际上是各个构成要素优化组合的过程。

### 一、培训目的

培训目的就是为什么要开展农民培训。对此，我们必须有清醒的认识。我国是人口大国，农民占全国总人口的70%。然而，我国农民平均受教育年限不足 7 年（农村劳动力中，小学文化程度和文盲半文盲占 40.31%，初中文化程度占 48.07%，高中以上文化程度仅占 11.62%；系统接受过农业教育的农村劳动力不到 5%）。农民是农业生产的主体，其素质的高低直接决定着农业生产力的发展水平。据有关调查显示，农民收入水平与其科技文化素质呈明显的正相关。由此可见，我国的农民素质亟待提高，特别是当前我国农业和农村经济发展面临着农产品供求格局的历史性转变和加入 WTO 后，农业和农村经济发展的外部环境发生的根本性变化。这更要求我们从农业可持续发展的战略高度出发，大力开展农民培训，全面提高农民素质。

## 二、培训目标

培训目标，简单地说，就是指通过农民培训，我们要培养出一批什么样的农民。通常情况下，培训目标是依据具体的培训对象来确定，它是以实现高一层次的目标为努力方向，反映农民自身的特征、所在地区的特征以及当今社会发展对农民综合素质的要求。从总体上讲，通过扩大农民培训规模，我们要培养一大批觉悟高、文化深、懂科技、善经营、能从事农业生产及产业化经营、掌握农业和其他专业劳动技能的农民，并且通过农民培训，加大宣传和引导力度，营造出一个重视农民培训的社会氛围和政策环境，力求使受训农民的综合素质在总体上与我国现代农业发展水平相适应，在我国逐步建立起一个适应需求、服务农民、手段先进、灵活高效的农民培训体系。

## 三、培训主体

培训主体即培训机构和培训者。它是从事并完成培训任务的基本条件。从农民培训的特点与一些发达国家农民培训的发展趋势来看，农民培训机构日趋多元化。目前，我国农民培训的机构大致有这样几类：一是各级农业广播电视学校或农业科技教育培训中心；二是高中等农业院校、科研院所和农业技术推广机构；三是企业与民间的各类服务组织；四是各行业协会、农村经济合作组织以及农村专业大户；五是县、乡、村农业技术推广服务体系及各类培训机构；六是远程教育网。目前的农民培训者主要由专职与兼职相结合，教学工作以兼职为主，专职培训者主要侧重在培训工作的设计、组织和管理等方面。

## 四、培训客体

培训客体是指培训活动中接受培训的农民。他们是学习与发展的主体。既往的经验与现实的需要，使他们在培训活动中具有一定的主动性。在农民培训中，主要针对这几类农民加以培训：一是农民技术员、科技户、专业户。他们可以直接传播农业科技知识、示范农业技术、带动农业产业化，起到以点带面、以一带百的巨大作用。二是初高中毕业回乡的青年农民。他们年轻，且有一定文化，同时非常欠缺农业生产和科技知识，对农业新品种、新技术及信息知识需求迫切，求知欲望和接受能力强。三是农村干部。他们是农民群众发家致富的领头人，其综合素质决定了他们是否能带领大伙奔小康。四是愿意或曾经外出打工的农民。通过对他们的培训，可以加速农村富余劳动力的转移，加快农村城镇化进程，促进和推动城乡经济的协调发展。

## 五、培训内容

培训内容是培训目标的具体体现，不同时期，不同培训对象，不同保障条件下，需要不同的培训内容作为载体。它既要以培训目标为核心加以设定，同时又必须顾及当地当时的社会发展状况。一方面，我们必须对整个农民群体提出统一的要求，对不同的农民层次制定不同的培训标准。无论哪个地区，同一层次的农民经过培训必须达到统一的要求。据此设置的培训内容应该是统一的，一致的。另一方面，由于我国社会经济发展的不平衡，所以要实事求是地从当地的具体情况出发进行内容设置。农民培训的内容主要有：职业技术培训、基础知识培训、能力培训和素质培训。这四个模块的培训内容应在不同层次的农民培训中加以体现，并有侧重地加以选择。

### 六、培训评价体系

评价就是评定价值的高低，给予某事物或人以价值上的判断。培训评价是培训活动过程中不可缺少的重要环节，它具有评价、监督和导向的功能。因而，设计农民培训的评价指标体系，既是提高培训水平、管理水平和学员质量的重要举措，又是使培训工作顺利进行和良性发展的重要手段。一个比较完善的评价指标体系应包括对培训主体的评价，对培训运行过程的评价，以及对培训质量和效益的评价。同时，针对农民培训的特殊性，在进行农民培训效益评价时，要社会效益与经济效益并重。

## 第三节　农民教育培训的特点

### 一、系统性

农民培训模式作为一个有机系统，其各个构成要素是相互制约、相互联系的。每一个构成要素都影响着其他要素，也同时受到其他要素的影响。无论何种农民培训模式，都是以某种培训思想、培训理论为依据建立起来的，是可供培训主体在农民培训中借以操作的简约化、标准化的范型。它集中地体现了农民培训的目的规划、内容设置、方式选择、计划实施、过程运行、效益评价等一整套方法体系。各个构成要素在一定环境和条件下，进行优化组合，形成不同的结构性关系，就形成了不同的培训模式，并形成了可供操作的程序。

## 二、适用性

农民培训模式并非是包治百病的灵丹妙药，而是有一定的适用性，存在一定的适用范围。这种适用性至少包括三方面：一是适用对象。不同的培训模式适用于不同的农民。这要求根据受训农民的文化背景、年龄大小、性别差异、经济情况等因素，开展适合他们的不同层次、不同内容的培训。二是适用地区。不同的地区存在着社会差异、经济差异、文化差异、自然条件差异等。这就要求不同的地区根据自身特点，合理选择、借鉴、构建适合本地区的农民培训模式，而不能盲目照搬其他地方的经验。三是适用时期。不同的时期，人们的培训需求和整个社会对培训的要求都有所不同。这就要求农民培训模式必须体现出所处的时代特点，要紧跟时代脚步，而不能落伍。

## 三、标准性

标准性是农民培训模式的本质属性，是指农民培训模式具有一定的普遍性、典型性和可效仿性。培训模式是从整体上和本质上对农民培训的形式和运作机制的认识形式，是农民培训全过程简约化和标准化的范型。它将农民培训的结构、关系、状态、过程等本质的属性与要素等直接显示出来，是可以照着做的标准样式。因此，它存在着一定的普遍性、典型性和可效仿性。

## 四、可操作性

从农民培训的理论角度分析，农民培训模式是农民教育理论的具体化和可操作化，是将农民教育思想具体运用到农民培训的规划、设计、实施、调控、评价的操作要领和运作程序中。从农民培训的实践角度分析，农民培训模式是具体培训实践的方法论体系。它来源于实践，经过理论升华，又反过来指导实践。因此，农民培训模式所提供的操作程序、步骤、环节、策略、方式和方法是可以操作的，这个可操作性特点与其本身的适用性特点密不可分。具体而言，可操作性特点就是要针对农民、农民所处的环境（自然环境和社会环境）等特点，按照实用、实际、实效的原则与因地制宜的原则，采取不同方式、不同层次、不同内容的农民培训，使农民培训能够顺利进行，且取得实际效果。

### 五、相对稳定性和动态发展性

农民培训模式具有一定的稳定性。因为农民培训模式不是从个别的、偶然的培训现象中产生出来的，而是对大量的培训活动的理论抽象与概括，它揭示了农民培训活动所具有的普遍性规律。同时，农民培训模式的稳定性又是相对的。因为一定的培训模式总是与一定的历史时期社会政治、经济、科学、文化、教育等发展水平相联系的。这些因素在一定时期是相对稳定的，这些客观条件一旦发生变化，培训模式也会相应的发生变化。因而，从某种意义上讲，农民培训模式总是保持一定的弹性，处于动态的发展变化过程之中。其动态发展性，一方面表现为对培训内容的充分关注，另一方面体现为多层次、多规格的培训目标和多种培训途径与方法。这样更有利于农民培训模式的具体运用。

## 第四节 影响农民教育培训工作实际成效的因素

### 一、体系建设有待进一步完善

目前农民教育培训体系主要表现出"两多一难"现象。"两多"是指教育培训实行多头管理，多部门实施。各培训机构在培训方向上存在较大差异，各管各的，为完成各自任务，彼此间不进行教育培训沟通，培训课程重复，降低了农民接受培训的兴致。"一难"就是难以形成合力，培训机构各自为政，资源互不共享，师资交流较少的现象，造成教育培训资源的浪费，农民参加教育培训的愿望不断降低，甚至出现了抵触情绪。

## 二、培训内容与市场和农民需求脱节

当前农民群众对参加教育培训活动普遍存在积极性不高的问题。究其原因，并不是农民不想参加素质培训，有相当一部分农民还是认识到科技的重要性。伴随近几年经济的快速发展，特别是农村加强产业结构调整，农民从中得到了实惠，也体会到了知识和技术的重要性，农民朋友迫切希望通过掌握技术来发展生产，实现增收。但由于当前的一些教育培训只重形式，不讲实效，课程设置上不是从客观方面选择教学内容，存在主观随意安排的现象，这就造成培训的内容农民不想学，农民想学的培训班没有。结果是我们的培训工作与市场、与农民的实际需要存在严重脱节，农民参与培训的积极性得不到提升。

## 三、农民教育培训方式不够创新

在教学方法上，现阶段基层不少地方还延续着传统的教育培训模式，就是教师讲、学员听。学员学习反思能力普遍存在不足，动手能力差，培训效果不明显。在组织管理上，还有"大勺烩"现象，为了完成上级交办的培训任务，对培训对象的筛选不严，"数量不够干部凑"的现象普遍存在，不按照类别和层级进行细分，造成了有的学员"被撑死"，有的学员"吃不饱"的现象。从教学安排上看，只注重理论教学，不注重学员生产实践和训后的跟踪服务，培训完了就认为任务完成，对学员如何进行技术应用和学员在生产实践中遇到的困难，较少关注，甚至不管不问，影响了技术的转化率。

## 四、农民教育培训一线教师队伍青黄不接

农民教育培训效果的提升离不开一支专业水平高且稳定的师资队伍。近年来随着不少农民培训项目的实施，组建并固化了讲师团队伍，师资队伍数量与结构显著改善，质量与水平也有了一定提高。

# 第五节　提升农民教育培训工作实效的措施

传统农业向现代农业转型，必然要求传统农民向现代农民转变。农民科技素质的提升，与培训的实际成效是密切相关的，我们要以提升农民素质为着眼点，整合教育资源，着力提高农民专业技术水平和就业技能，促进农民增收和农村经济社会协调发展。

## 一、依托体系建设，建立培训实效标准

首先是明确技能提升标准。农民培训实际效益是一软效益，不能直接通过量化体现。为提升农民实际培训效果，就必须制定合理的技能转化标准，能够量化的尽量量化，不能量化的通过间接方式量化。如可以将农民培育程度占比、学员创业占比、典型学员占比、实训基地建设等情况作为量化标准来反映。其次对培训效果标准进行拆分，把效果标准分为训中和训后两个层次的量化指标，训中量化指标包括：课时安排、教材组织、多媒体教学课件、学员交流课时等。训后量化主要包括：跟踪指导次数、电话回访情况记载、主导品种的推广率、主推技术的入户率等。再次是实际培训设施的登记和检查，尤其是实训基地的建设情况，看看有没有对比田块、有没有专职的讲解员等，防止部分培训部门进行形式培训。

## 二、创新培训模式，提高培训教学质量

农民文化素质相对较低，对于被动式的培训大都有排斥心理，就算来参加培训，经常也是被村干部拉过来完成培训任务数的，这就影响了培训效果。在这样一种培训前提下，我们只有创新培训模式，少搞机械性的课堂教学，把教室从室内移到田间，或者把理论教学和实践教学进行合理编排，通过作物生长的好与坏，技术方法的对与错，管理措施的优与差等进行对比教学，才能激发学员的学习兴趣，从而提高培训的实际效果。其次，在课堂教学方法上，多采取互动式教学，如嫁接课程，教师要走到学员中间去，亲自示范嫁接方法，吸引学员的注意力，在不知不觉中提高课堂教学质量。

## 三、优化师资队伍，灵活招揽培训人才

紧紧抓住引进与培养相结合的原则，优化梯队结构，培育优秀团队。首先要引进一批青年人才，积极推进农业技术推广人才队伍的更新换代工作，选拔一批高等院校毕业生深入农村基层进行生产实践，了解民情民风，掌握基本生产技能。从业务上加强系统培训，重点围绕生产实践开展跟踪服务，提升他们应用能力。其次要培养一批专家型人才，从内部选拔一批具有较高业务能力和奉献意识的人才，与科研院所专家教授进行"一对一"或"一对多"的结对帮培，利用科研院所的科研平台，提升结对教师的业务水平。再次要塑造一批典型人才。选拔一批"乡土专家"充实到教师队伍中来，依靠他们创业致富的实绩和自己总结出来的一套行之有效的种养殖方法来影响学员，丰富农民教育培训的内容，促进培训质量与水平提升。

## 四、加强合作培训，合力提升培训效果

合作，就是一种接力。农广校由于自身条件的限制，在农

民培训过程中往往受到实训、师资等条件的制约。作为一线的农民培训主要阵地，要使培训达到事半功倍的效果，就必须加强与其他部门和单位的合作，借鸡生蛋，进一步推进教育培训质量。一要加强与高校、科研院所的合作。开展与高校等单位的合作，加强对农广校师资队伍和农村精英人才的培训工作。

综上所述，提升农民培训实效工作，只有把握好现代农业发展要求，优化培训体系建设，科学调整培训方向，合理制定培训方案，创新内容，创新模式，才能真正为农民谋福音，为农业谋发展，才能真正把农民教育培训事业塑造成阳光下最灿烂的事业。

## 第六节　农民教育培训方法与路径

### 一、瞄准主导产业

农民培训主要是提高当地农民的科技素质，在实际工作中，要结合当地生产实际，有针对性地选择 2~3 个种养殖项目开展培训。通过反复培训，不断提高农民科学种养殖水平，减少生产环节出现的问题，增加种养殖产量，提高单位面积种养殖产出率，进一步增加农业经济效益。同时，要围绕农牧业产、供、销产业链条开展培训，由生产环节向经营管理、销售环节延伸，教会农民种养产出安全、可靠、高质量的好产品，同时及时掌握市场信息，将好产品销售出去，提高销售价格，增加收益；指导每一个农民扩大规模后如何进行管理，发展规模农业。

### 二、培养师资队伍

农民培训是面对一些文化层次较低的人群，选择一支高素质的师资队伍是必要的。一是科技文化素质较高。培训教师对所培训的技术内容要有充分的认识，不能仅停留在理论教材的研究层面上，更要有实际操作的技能，最大限度地满足培训人员的需求。二是有丰富的实践经验。参与授课的教师一定要是长期深入基层的专家、教授和科技工作者，有丰富的生产一线工作经验，授课内容既要有理论上的深度，也要有自身实际的探讨，互动时能够与农民深入交流，防止出现"技不如人"的情况，达不到培训的实际效果。三是有较强的语言表达能力，讲解通俗易懂。培训中，授课语言既要简单明了、重点突出，让农民听明白、好记好懂，又不能照本宣科、废话连篇。

### 三、精选培训教材

在改革开放30多年的农业生产实践中，经过长期的培训和生产活动的历练，农民和规模经营者的素质有了极大的提高，调整后的农业生产结构有了根本性改变，主导产业已经形成，受训者对师资和教材的要求也越来越高，简单的明白纸已经不能满足需要。针对主导产业、培训内容选择1~2本好教材是目前农民培训所必需的，也是受训者渴望的。选择的教材应该通俗易懂、图文并茂，既要满足受训者现场培训的需要，也要满足受训者培训后自学的需要，让教材成为一名无语的教师，时时与劳动者相伴，助力农民丰产丰收。

### 四、找准培训方法

培训农民的方法形式有多种，要灵活多样。一是重点培训和普训相结合。培训农民项目主要由县区一级实施，培训面广、人员多，不可能面面俱到。首先要培训一些重点技术骨干，然后再深入各乡村进行普训。二是农闲培训和田间地头现场讲解相结合。对于北方地区来说，冬季是最好的培训时间段，农民有空闲时间，可以静下心来听课，农忙季节可到田间地头进行现场培训、现身说法，起到事半功倍的效果。三是当地培训与外出参观学习相结合。多年来，习惯坚持当地学习，千篇一律，农民渐渐失去学习的兴趣，组织一些农村种植大户、家庭农场和经营主体等种植骨干外出学习、参观，将外地的好经验、好做法带回来，也不失为一种好方法。四是主导品种、主推技术培训和典型事例相结合。在实际培训中，宣讲主导品种、主推技术要和介绍具体典型事例结合起来，使农民听起来不觉枯燥，便于加深记忆和理解，调动农民听课积极性。五是市场信息发布与种植管理经验介绍相结合。当前，农产品市场和其他商品市场一样，处于大流通背景下，掌握瞬息万变的农产品市场信息是必要的，预测市场价格既要分析该产品生产规模、适宜范围，又要结合当年的销售情况，切不可盲目跟风当年市场价格而确定下年种植面积，切记"逢涨莫跟，逢跌莫丢"的商品经营古训。另外，劳动者的惰性心理也是规模经营管理者研究的课题，将有价值的种植管理经验介绍给其他规模经营者，减少其摸索时间，迅速提高劳动效率、减少成本，也是对农民培训的一个课题。

## 五、及时总结典型经验

当前，我国正处在农业现代化的发展进程中，消费者的消费水平在不断提高，对农产品的质量要求也越来越严格。农产品国内、国际市场在不断发生变化，农业种植结构需要不断调整，农业消费出现了新的需求，农业发展对劳动者素质、资本、技术、生产资料等生产要素的要求是全面的、复合型的。因此，对农民教育培训将是一个永恒的课题。在对农民教育培训活动中，要不断地总结经验，强化培训师资队伍建设，精选培训教材，完善培训方法，提高培训效率，探索一套适合当地农业生产发展、与农民需求相适应的教育培训路子和模式，为当地农业增效、农民增收提供智力支撑。

# 第二章　强农惠农富农政策

## 第一节　农业支持保护补贴

财政部、农业部印发了《关于全面推开农业"三项补贴"改革工作的通知》，将种粮农民直接补贴、农作物良种补贴和农资综合补贴合并为农业支持保护补贴。

2016年农业"三项补贴"将合并为农业支持保护补贴，政策目标调整为支持耕地地力保护和粮食适度规模经营。

一是支持耕地地力保护。补贴对象原则上为拥有耕地承包权的种地农民。鼓励各地创新方式方法，以绿色生态为导向，提高农作物秸秆综合利用水平，引导农民综合采取秸秆还田、深松整地、减少化肥农药用量、施用有机肥等措施，切实加强农业生态资源保护，自觉提升耕地地力。

二是支持粮食适度规模经营。支持对象重点向种粮大户、家庭农场、农民合作社和农业社会化服务组织等新型经营主体倾斜，体现"谁多种粮食，就优先支持谁"。近几年支持重点是建立健全农业信贷担保体系，并推动担保业务尽快实质运营，切实缓解农业生产"融资难、融资贵"问题。

## 第二节　购置农机补贴

农机具购置补贴是指中央财政为支持农民个人和直接从事农业生产的农机服务组织购买符合国家要求且经过农机鉴定机

构检测合格的农业机械、提高农业机械化水平而提供的一种资金补贴。

## 一、补贴对象

农机具购置补贴的补贴对象包括购买和更新大型农机具的农民个人、农场职工、农机专业户和直接从事农业生产的农机服务组织。

## 二、补贴标准

一般农机每档次产品补贴额原则上按不超过该档产品上年平均销售价格的30%测算，单机补贴额不超过5万元；挤奶机械、烘干机单机补贴额不超过12万元；100马力（1马力≈735瓦）以上大型拖拉机、高性能青饲料收获机、大型免耕播种机、大型联合收割机、水稻大型浸种催芽程控设备单机补贴额不超过15万元；200马力以上拖拉机单机补贴额不超过25万元；大型甘蔗收获机单机补贴额不超过40万元；大型棉花采摘机单机补贴额不超过60万元。

不同地区农机购置补贴政策的实施方式略有不同，根据国家绒毛用羊产业技术体系产业经济研究团队2014年的调研情况来看，新疆巩留县对养殖户购进青储收割机、粉碎机、打捆机实行国家购机补贴30%的基础上，再给予20%的县级财政补助，也就是说，若一台机器1 000元，可享受国家补贴300元，县财政补贴200元。

## 三、补贴种类

每年农业部根据全国农业发展需要和国家产业政策，并充分考虑各省地域差异和农牧业机械发展实际情况，确定补贴机具种类。2016年补贴种类共计11大类43个小类137个品目。粮食主产省要选择粮食生产关键环节急需的部分机具品目敞开补贴，主要包括深松机、免耕播种机、水稻插秧机、机动喷雾喷粉机、动力（喷杆式、风送式）喷雾机、自走履带式谷物联合收割机（全喂入）、半喂入联合收割机、玉米收获机、薯类收获机、秸秆粉碎还田机、粮食烘干机、大中型轮式拖拉机等。棉花、油料、糖料作物主产省要对棉花收获机、甘蔗种植机、甘蔗收获机、油菜籽收获机、花生收获机等机具品目敞开补贴。

### 四、兑付方式

实行"自主购机、定额补贴、县级结算、直补到卡（户）"的兑付方式，具体操作办法由各省制定。农民必须到由企业确定、省级农机化主管部门公布的补贴产品经销商那里去购买农机具，在购买过程中可以与经销商讨价还价，最后付账时只需要支付协商价格扣除补贴额之后的差价即可。

### 五、不予补贴范围

不是在中华人民共和国境内生产的农机具，不给补贴。

没有获得部级或省级有效推广鉴定证书的农机具（新产品补贴试点除外），不给补贴。

没有在明显位置固定标有生产企业、产品名称和型号、出厂编号、生产日期、执行标准等信息的永久性铭牌的农机具，不给补贴。

## 第三节　粮油补贴

### 一、粮改饲补贴

#### （一）什么是粮改饲

粮改饲源于 2015 年的中央一号文件。该文件明确提出："开展粮改饲和种养结合模式试点，促进粮食、经济作物、饲草料三元种植结构协调发展。"

粮改饲，重点是调整玉米种植结构，引导种植全株青贮玉米，同时也因地制宜，在适合种优质牧草的地区推广牧草，将单纯的粮仓变为"粮仓+奶罐+肉库"，将粮食、经济作物的二元结构调整为粮食、经济、饲料作物的三元结构。

**（二）粮改饲目标**

扩大青贮玉米等优质饲草料种植面积、增加收贮量，全面提升种、收、贮、用综合能力和社会化服务水平，推动饲草料品种专用化、生产规模化、销售商品化，全面提升种植收益、草食家畜生产效率和养殖效益。

到2020年，全国优质饲草料种植面积发展到2 500万亩*以上，基本实现奶牛规模养殖场青贮玉米全覆盖，进一步优化肉牛和肉羊规模养殖场饲草料结构。

2018年，《全国种植业结构调整规划》提出，到2020年饲草料面积发展到9 500万亩，其中青贮玉米面积要达到2 500万亩。

**（三）粮改饲政策实施区域**

目前是河北、山西、内蒙古、辽宁、吉林、黑龙江、安徽、山东、河南、广西、贵州、云南、陕西、甘肃、青海、宁夏、新疆17个省（自治区）和黑龙江省农垦总局。

**（四）粮改饲补贴对象**

规模化草食家畜养殖场（户）、专业收贮企业（合作社）、社会化服务企业（合作社）。

**（五）粮改饲补贴力度**

截至目前，中央财政累计投入资金近40亿元。目前，国家

---

\* 1亩≈667米²，1公顷=15亩。全书同

财政给予每个试点县每年平均补助资金 1 000 万元，实施周期是 3 年。

## 二、粮豆轮补贴

粮豆轮补贴以玉米与大豆轮作为主，兼顾与杂粮杂豆、马铃薯、油料、饲草等作物轮作。实施周期为 3 年。重点倾向于玉米大豆轮作，将粮豆轮作补贴面积扩大到 1 000 万亩，其中"镰刀湾"地区，玉米改种大豆每亩补贴 100~150 元。

## 三、农产品产地初加工补贴

### (一) 项目介绍

从 2012 年起，中央财政每年专项转移支付资金，启动实施"农产品产地初加工补助项目"。农产品产地初加工项目针对种植业，主要是扶持马铃薯及蔬菜水果等种植类企业所涉及开展的，初加工设施建设时，可申请此项资金扶持。

### (二) 项目扶持实施原则

主要扶持：农产品储藏、保鲜、烘干等初加工设施的建设，重点扶持马铃薯主产区，同时兼顾水果蔬菜等优势产区；项目实施区域和扶持对象逐步向现代农业示范区、新型经营主体倾斜，推进集中连片建设；通过资金补助、技术指导和培训服务等措施，鼓励和引导农民专业合作社和农户出资，自主建设农产品初加工设施。

### (三) 补助范围

每年新建的马铃薯贮藏窖、果蔬冷藏保鲜库和烘干设施三大类共 27 种规格的农产品产地初加工设施。

### (四) 补助对象

以农民专业合作社和农户自主建设的农产品初加工设施为主；其中，每个专业合作社补助数量不超过 5 座，每个农户补助数量不超过 2 座。

**（五）补助标准**

按照中央财政资金对纳入目录的各类设施实行全国统一定额补助，最高补助 34 万元，最低补助 1 万元。

**（六）补助方式**

采取"先建后补"方式。

**（七）申请流程**

领取并按要求填写《农产品产地初加工补助设施建设申请表》，之后依次到乡镇政府、县农业局、县财政局审批盖章。

按相关建设的技术标准及要求建设，完成之后向农业主管部门提出验收申请；验收合格后，公示 7 天，无异议之后，兑现补贴资金。

**（八）申报准备材料**

合作社营业执照，农户要准备户口本或身份证。

《农产品产地初加工补助设施建设申请表》，设施建设现场拍照，提交电子版申报资料。

**（九）申报注意事项**

先报建设计划，批准后再去建设。

按照批准建种类、型号设施建设。

已经建成的初加工设施，没有补贴资金。

## 四、粮食最低收购价政策

粮食最低收购价政策是为保护农民利益、保障粮食市场供应实施的粮食价格调控政策。是为解决"工农"问题，实施工业反哺农业而采取的重要手段。

一般情况下，粮食收购价格受市场供求影响，国家在充分发挥市场机制作用的基础上实行宏观调控，必要时由国务院决定对短缺的重点粮食品种，在粮食主产区实行最低收购价格。当市场粮价低于国家确定的最低收购价时，国家委托符合一定资质条件的粮食企业，按国家确定的最低收购价收购农民的粮食。

2018年11月16日，国家发展改革委称，综合考虑粮食生产成本、市场供求、国内外市场价格和产业发展等因素，经国务院批准，2019年生产的小麦（三等）最低收购价为每50千克112元，比2018年下调3元。

## 五、玉米大豆生产者补贴

《中共中央、国务院关于坚持农业农村优先发展做好"三农"工作的若干意见》指出，完善玉米和大豆生产者补贴政策。健全农业信贷担保费率补助和以奖代补机制，研究制定担保机构业务考核的具体办法，加快做大担保规模。按照扩面增品提标的要求，完善农业保险政策。推进稻谷、小麦、玉米完全成本保险和收入保险试点。扩大农业大灾保险试点和"保险+期货"试点。探索对地方优势特色农产品保险实施以奖代补试点。

中央财政将玉米、大豆生产者补贴统筹安排，补贴资金采取"一卡（折）通"等形式兑付给生产者。具体补贴范围、补贴依据、补贴标准由各省份人民政府按照中央要求，结合本地实际具体确定，但大豆补贴标准要高于玉米。鼓励各省份将补贴资金向优势产区集中。为推动稻谷最低收购价改革，保护种粮农民收益，在相关稻谷主产省份实施稻谷补贴，中央财政将一定数额补贴资金拨付到省，由有关省份制订具体补贴实施方案。

## 六、棉花目标价格补贴

2014年以前，国家做的是国储棉收购，各个轧花厂不需要面对纺纱厂，只需要把皮棉交到国储棉抛储，由国家兜底。

2014 年以后国家实行棉花目标价格补贴改革，2014 年、2015 年、2016 年都有相应的目标价格补贴。2017 年、2018 年、2019 年三年确定目标价格补贴是 18 600 元。

例如，市场籽棉价格 7.1 元，衣份按 40 计算，把这个籽棉价格换算成皮棉的价格，用这个价格再和 18 600 元的目标价格进行比较，如目标价格如果换算成籽棉价格是 8 元，而籽棉价格是 7.1 元，这个差额 0.9 元就由国家补齐。

怎么根据 18 600 元来反算出籽棉价格呢? 18 600 元是 1 吨皮棉的价格，也就是 1 千克皮棉 18.6 元，先减去加工成本，如按 1 000 元计算，按 40 衣份计算，400 克皮棉价格是 7.04 元，剩下的 600 棉籽中有 50 克左右的杂质和短绒，余下 550 克左右的棉籽，而现在的棉籽价格在 1.65~1.7 元，短绒现在不太值钱，先不计算在内，算出的价格就应在 7.95~7.98 元。

## 第四节 化肥、农药零增长政策

### 一、果菜茶有机肥替代化肥政策

2017 年是开展果菜茶有机肥替代化肥行动的第一年，在中央财政支持下，农业农村部聚焦优势产区，选择 100 个果菜茶生产和畜牧养殖大县开展有机肥替代化肥试点，各示范县遴选了近 4 000 家新型经营主体承担项目任务，取得了好的开局，经济生态效益初显。

化肥、农药零增长归纳起来有"两减两提"。一是减少了化肥用量。项目区化肥用量减少 2 万多吨（折纯），下降了 18%。二是减轻了农业面源污染。通过有机肥的资源化利用和化肥减量，减少了氮磷流失 0.3 万吨（折纯）。据专家测算，2016 年 100 个果菜茶有机肥替代化肥示范县，增施的有机肥相当于消纳畜禽粪污 2 000 多万吨。三是提高了资源利用水平。项目区有机肥实物用量达到 300 多万吨，增加了 50%。四是提高了耕地质量。通过有机肥的增施，改善了土壤理化性状，增加了土壤有机质含量。另外，2016 年开展有机肥替代化肥试点的产品，如陕西的"洛川苹果"、江西的"赣南脐橙"、江苏的"金坛雀舌"、安徽"六安瓜片"、四川丹棱的"不知火"，都是品质好、卖相好、价格好的"三好"产品，深受消费者欢迎。更为重要的是，这一行动已成为各级政府推进农业绿色发展的重要抓手，有机肥替代化肥的理念深入人心，得到社会各界广泛认同。

## 二、化肥、农药零增长政策

2015 年以来，农业部按照中央部署，深入开展化肥、农药使用量零增长行动，促进化肥、农药减量增效，取得了明显成效。经科学测算，2017 年我国水稻、玉米、小麦三大粮食作物化肥利用率为 37.8%，比 2015 年提高 2.6 个百分点；农药利用率为 38.8%，比 2015 年提高 2.2 个百分点。目前，农药使用量已连续三年负增长，化肥使用量已实现零增长，提前三年实现到 2020 年化肥、农药使用量零增长的目标。

到 2020 年，初步建立科学施肥管理和技术体系，科学施肥水平明显提升。2015—2019 年，逐步将化肥使用量年增长率控制在 1% 以内；力争到 2020 年，主要农作物化肥使用量实现零增长。

一是施肥结构进一步优化。到 2020 年，氮、磷、钾和中微量元素等养分结构趋于合理，有机肥资源得到合理利用。测土配方施肥技术覆盖率达到 90% 以上；畜禽粪便养分还田率达到 60%、提高 10 个百分点；农作物秸秆养分还田率达到 60%、提高 25 个百分点。

二是施肥方式进一步改进。到 2020 年，盲目施肥和过量施肥现象基本得到遏制，传统施肥方式得到改变。机械施肥占主要农作物种植面积的 40% 以上、提高 10 个百分点；水肥一体化技术推广面积 1.5 亿亩、增加 8 000 万亩。

三是肥料利用率稳步提高。从 2015 年起，主要农作物肥料利用率平均每年提升 1 个百分点以上，力争到 2020 年，主要农作物肥料利用率达到40%以上。

# 第五节　规模养殖政策

国家对农村养殖补贴政策，最主要的，养殖场必须要经过环境影响评价。

## 一、水电优惠

对农村养殖的来说都是消耗水电的大户，但国家对于养殖户会有水电的优惠。像面粉使用地下水资源，养殖户也享受农业用电的价格。而且国家非常鼓励利用荒山，荒沟，荒丘等地方发展养殖，这样也能节约土地的利用。

## 二、动物防疫补贴

农村养殖难免会打各种疫苗，国家对于重大动物疫病强制免疫疫苗有补助政策，而且还会对畜禽疫病扑杀都有补助政策。对病死猪无公害处理，对猪定点屠杀环节病害猪处理都有补贴政策。

## 三、农机补贴

像有关养殖使用的农机都会有补贴政策，一般不超过 5 万元。像给奶牛挤奶器械，一些烘干机，补贴一般不超过 12 万元。对一些高性能的青饲料售货机单机补贴金额一般不超过 15 万元。

### 四、良种补贴

农村养殖的母猪、奶牛、肉牛，存栏能繁母羊 30 只以上，能繁牦牛 25 头以上的养殖户都会有补贴，母猪是 40 元，奶牛母牛 30 元，其他品种的母牛 20 元，肉牛母牛 10 元。绵羊、山羊公羊 800 元，牦牛公牛 2 000 元。

### 五、饲草种植补贴

对于种植饲草生产加工也会有补贴，像合作社 1 年以上，饲草生产加工企业注册资本在 200 万（含）元以上，奶牛养殖企业需要存栏 300 头以上，每 3 000 亩补贴 180 万元。

### 六、畜禽渔业标准健康养殖

对于规模化的养殖场，农村合作社也会有补贴，但需要达到标准，生猪在 0.5 万~5 万头，蛋鸡 1 万~10 万只，肉牛100~2 000头，肉羊 300~3 000 只。池塘类、养殖场 200 亩（西部地区 100 亩），工厂化养殖水面 3 000 平方米以上。补贴金额在 25 万~100 万元。奶牛标准化养殖申报条件需要 300 头起，补贴的金额在 80 万~170 万元。生猪标准化规模养殖申报条件需要 500 头起，补助金额在 20 万~80 万元。肉牛、肉羊标准化养殖，肉牛 300 头起，补贴 15 万~50 万元。肉牛 100 头起，补贴在 30 万~50 万元。

# 第六节 退耕、轮作休耕政策

### 一、退耕还林还草政策

退耕还林是为了提升我国的土地绿化面积，从而保护我国的环境资源。

退耕还林每亩补助1 500元，其中，财政部通过专项资金安排现金补助1 200元、国家发展改革委通过中央预算内投资安排种苗造林费300元；退耕还草每亩补助800元，其中，财政部通过专项资金安排现金补助680元、国家发展改革委通过中央预算内投资安排种苗种草费120元。

中央安排的退耕还林补助资金分三次下达给省级人民政府，每亩第一年800元（其中，种苗造林费300元）、第三年300元、第五年400元；退耕还草补助资金分两次下达，每亩第一年500元（其中，种苗种草费120元）、第三年300元。

**二、耕地轮作休耕补助**

土地种植东西，不能一直种同一种东西，需要让土地休息或者通过种植其他东西进行轮休，为了鼓励农民进行轮作休耕，农业局实行参与轮作休耕的农民进行补助政策。

为了保证农民的收益，提高农民的积极性，补助制定了新的标准。

第一，注重农作物之间的收益平衡。不同的农作物因收益不同，所以其补助标准不同，具体详细到具体种植什么怎么补助。这样农民不会盲目改种，可以根据自己的实际情况，进行休耕改种。例如，北方寒冷地区，玉米跟大豆1∶3的收益平衡点，每亩补助150元。

第二，注重区域收入平衡。每个地区的农民经济水平不一，不能做统一补助，还有气候等差异，农业局给出合理补助，浮动补助原则，根据当地农民的实际收益情况，进行补助，每亩补助500~800元不等。所以参与耕地轮作休耕的农民其补助不是每个地区的都一样，以当地的实际补贴为准。

## 第七节　草原生态保护的政策

从 2011 年起，国家在内蒙古、新疆、西藏、青海、四川、甘肃、宁夏和云南 8 个主要草原牧区省区和新疆生产建设兵团，全面建立草原生态保护补助奖励机制。政策目标是"两保一促进"，即"保护草原生态，保障牛羊肉等特色畜产品供给，促进牧民增收"。

政策主要内容是：实施禁牧补助。对生存环境非常恶劣、草场严重退化、不宜放牧的草原，实行禁牧封育，中央财政按照每亩每年 6 元的测算标准对牧民给予禁牧补助。实施草畜平衡奖励。对禁牧区域以外的可利用草原，在核定合理载畜量的基础上，中央财政对未超载的牧民按照每亩每年 1.5 元的测算标准给予草畜平衡奖励。给予牧民生产性补贴。包括畜牧良种补贴、牧草良种补贴和每户牧民 500 元的生产资料综合补贴。绩效考核奖励。补奖政策由省级人民政府负总责，财政部和农业部实行定期或不定期的巡查监督，并按照各地草原生态保护效果、地方财政投入、工作进展情况等因素进行绩效考评。中央财政每年安排奖励资金，对工作突出、成效显著的省份给予资金奖励，由地方政府统筹用于草原生态保护工作。以上四项共 136 亿元。

## 第八节　创业金融政策、农业保险保费、大灾保险补贴

### 一、农民融资政策

创业，首先是资金从哪里来，资金如何保障，资金风险如何应对。在前期调研过程中，也发现很多返乡下乡的创业人员

最最关注的还是资金问题。从前期各地的工作情况来看，有些问题得到了一定的解决，但有些地方应该说融资难的问题在一定程度上仍然存在。所以，这一次在研究支持政策过程中，大家对这个问题给予了特别关注。当然在调研过程当中，我们还关注到问题的另一个方面，有一些在农村的创业人员，也存在着信用相对比较低、担保相对比较难，还有抵质押物不充足，基层的融资渠道不是太多等，使得创业过程中融资问题更为突出。这一次的政策在这些方面有一定的针对性，主要是体现在几个方面。

第一，提出要健全农村的金融体系。文件明确，国有商业银行要合理赋予县域支行信贷业务审批权限。像中国农业银行就要把普惠金融的重点放到农村，鼓励在创业较为集中的县域设立村镇银行等金融机构，提高县乡金融覆盖率。这为一些现在不具备这方面基础和服务条件的地方，提供了较大的改善。

第二，要加大政策的落实。主要体现在要落实完善创业担保贷款政策，适当提高对于返乡下乡创业企业贷款不良率容忍度，纳入农村金融、中小企业金融服务的重点支持范围，结合农村创业企业的特点，进一步在政策落实上加大针对性。

第三，健全信用机制。提出要建立两项机制，一是建立返乡下乡创业人员的信息共享机制。探索建立返乡下乡创业人员的诚信台账和信息库，因为农村的很多人员可能在这些方面的信息资料缺失，这样可以更好地去证明他的信用，更好给予他应该可以给予的信贷支持。二是探索建立信用乡村、信用园区推荐免担保机制。很多农民或者农民工返乡创业在担保问题上可能也有一些困难，金融机构会根据实际的困难在保证相关工作的前提下，进一步探索推荐免担保机制。

第四，进一步拓展融资渠道，开展农村承包土地经营权、农民住房财产权抵押贷款试点，探索进一步拓宽农村有效抵押物范围，完善违约处置等制度设计。同时，要把"政府+银行+

保险"创新融资模式推广到返乡下乡的创业企业。当然，所涉及的这些方面还有一个本地化和具体化的过程，我们也希望各个方面进一步加快工作力度，推进这些政策的落实。下一步，我们也会同相关的方面共同努力，为返乡下乡创业者提供更加多样化、容易获得，也比较便捷的服务。

## 二、农业保险保费补贴

农业保险保费补贴指财政对农业保险业务的保费给予一定比例的补贴，补贴的对象是投保农户。农业保险损失频率和损失程度较高，要实现农业保险业务的财务平衡，保险费率会很高，靠农民自身难以承担。因此，需要财政提供一定比例的补贴，帮助农民支付保费，缓解农业保险的供需矛盾，使保费达到保险公司和农民都能接受的水平。

农户、种子生产合作社和种子企业等开展的符合规定的三大粮食作物制种，对其投保农业保险应缴纳的保费，纳入中央财政农业保险保险费补贴目录，补贴比例执行补贴管理办法关于种植业有关规定。符合规定的三大粮食作物制种，指符合种子法规定、按种子生产经营许可证规定或经当地农业部门备案开展的水稻、玉米、小麦制种，包括扩繁和商品化生产等种子生产环节。

保险经办机构应使用保险监管部门统一发布的示范性条款，保险责任应涵盖制种面临的自然灾害、病虫害以及其他风险等导致的产量损失或质量损失，保险金额应为保险标的生长期内所发生的直接物化成本。投保人和被保险人应为实际土地经营者，如实际土地经营者的制种生产风险已完全转移给种子生产组织的，种子生产组织也可作为投保人和被保险人。

符合规定的三大粮食作物制种的种子品种，由各级农业及种子主管部门负责以适当方式向保险经办机构提供。各级农业及种子主管部门应协助保险经办机构做好保险标的审核确认，以及灾因鉴定、损失评估等工作。各级保险监督管理机构要指导保险经办机构做好保险产品条款设计、费率厘定、承保理赔服务等工作。

### 三、农业大灾保险

按照国务院部署，在13个粮食主产省选择200个产粮大县，面向适度规模经营农户开展农业大灾保险试点。考虑到农业大灾与一般灾害的灾因基本相同，但损失程度不同，适度规模经营农户对农业大灾保险产品的需求主要集中在提高赔付金额方面，试点工作主要围绕提高农业保险保额和赔付标准，开发面向适度规模经营农户的专属农业保险产品。

试点地区省级财政部门将试点方案和试点资金申请报告报送财政部，并抄送财政部驻当地财政监察专员办事处。试点方案和试点资金申请报告的内容主要包括：试点县情况、保险方案、补贴方案、保障措施、直接物化成本和地租数据、试点统计表以及地方财政部门认为应当报送或有必要进行说明的材料。

财政部根据各地报送的试点申请情况下达试点资金。

试点实施过程中，在符合试点工作指导思想和基本原则的前提下，试点地区财政部门可结合本地实际探索创新具体保险模式，包括保险产品、投保理赔、组织保障等，特别是要因地制宜地探索开发农业大灾保险产品，形成可推广、可复制的具体经验。实施方案应报财政部、农业部、保监会备案。

对适度规模经营农户实施农业大灾保险试点，是创新农业救灾机制、完善农业保险体系的重要举措。现将《粮食主产省农业大灾保险试点工作方案》印发给你们，请认真执行。试点地区各级财政部门要高度重视、统筹规划、精心组织、认真实施，积极会同农业、保险监管等部门，加强对试点工作的指导，为试点工作顺利开展创造良好环境，确保试点取得实效。执行中如有问题，请及时报告财政部。财政部将会同农业部、保监会等相关部门，及时总结试点经验，不断完善相关政策。

# 第九节　土地流转补贴

## 一、土地流转补贴

### （一）农村土地流转方式

农村土地流转方式一般有五种。

第一种，宅基住房，举例也就是说农民的宅基地被置换成了城市发展用地，而农民在城里获得了一套住房，也就是农民放弃了农村土地承包使用权，享受城市社保，建立城乡统一的公共服务体制。

第二种，股份合作，村里按照"群众自愿、土地入股、集约经营、收益分红、利益保障"的原则，引导农户以土地承包经营权入股。合作社按照民主原则对土地统一管理，不再由农民分散经营。

第三种，土地互换，就是指农民朋友对各自土地的承包经营权进行的简单交换。

第四种，土地出租，农民将其承包土地经营权出租给大户、业主或企业法人等承租方，出租的期限和租金支付方式由双方自行约定，承租方获得一定期限的土地经营权，出租方按年度以实物或货币的形式获得土地经营权租金。

第五种，土地入股，是指在坚持承包户自愿的基础上，将承包土地经营权作价入股，建立股份公司。

### （二）农村土地流转流程

提出申请→经过有关部门审核、登记→流转双方信息的发布→流转双方组织洽谈→流转双方签订合同→全面审核通过后发证→资料归档→跟踪土地流转后的情况。

## (三) 农村土地流转与征收的区别

农村土地流转是指在农村集体范围内，将自己的土地承包经营权（使用权）进行双方之间的流转，一般仅限于使用在农业用途上面。而土地征收是以政府为实施主体，将农村集体土地转为国有，并且土地征收的用途国家将依据城市建设以及公益事业的需要上。

## (四) 农村土地补贴

补贴金额：各省份以省为单位，自行分配亩均不超过 1 500 元的补贴费用，各地区有一定的自主权限，发达城市和西藏可以适当提高这个标准（由于各地推行的补贴政策有所不同，因此补贴额度也有所差异，需根据实际情况而定）。

补贴对象：进行高标准农田建设的农户、涉农企业、家庭农场、农民合作组织和专业大户。

补贴面积：平原地区的土地总数量不低于 5 000 亩，丘陵山区地带则不低于 2 000 亩，各省份有一定的自主权，可以根据当地具体地形来合理分配。

注意：国家明确规定，25°以上的坡地、退耕的土地、污染严重的土地、自然保护区、围湖造田区等这类土地都不能申请。

## 二、设施农用地发展支持政策

### (一) 合理界定设施农用地范围

根据现代农业生产特点，从有利于支持设施农业和规模化粮食生产发展、规范用地管理上出发，将设施农用地具体划分为生产设施用地、附属设施用地以及配套设施用地。

1. 进一步明确生产设施用地

生产设施用地是指在设施农业项目区域内，直接用于农产品生产的设施用地。

（1）工厂化作物栽培中有钢架结构的玻璃或 PC 板连栋温室

用地等。

（2）规模化养殖中畜禽舍（含场区内通道）、畜禽有机物处置等生产设施及绿化隔离带用地。

（3）水产养殖池塘、工厂化养殖池和进排水渠道等水产养殖的生产设施用地。

（4）育种育苗场所、简易的生产看护房（单层，小于15平方米）用地等。

2. 合理确定附属设施用地

附属设施用地是指直接用于设施农业项目的辅助生产的设施用地。

（1）设施农业生产中必需配套的检验检疫监测、动植物疫病虫害防控等技术设施以及必要管理用房用地。

（2）设施农业生产中必需配套的畜禽养殖粪便、污水等废弃物收集、存储、处理等环保设施用地，生物质（有机）肥料生产设施用地。

（3）设施农业生产中所必需的设备、原料、农产品临时存储、分拣包装场所用地，符合"农村道路"规定的场内道路等用地。

3. 严格确定配套设施用地

配套设施用地是指由农业专业大户、家庭农场、农民合作社、农业企业等，从事规模化粮食生产所必需的配套设施用地。包括：晾晒场、粮食烘干设施、粮食和农资临时存放场所、大型农机具临时存放场所等用地。

各地应严格掌握上述要求，严禁随意扩大设施农用地范围，以下用地必须依法依规按建设用地进行管理：经营性粮食存储、加工和农机农资存放、维修场所；以农业为依托的休闲观光度假场所、各类庄园、酒庄、农家乐；以及各类农业园区中涉及建设永久性餐饮、住宿、会议、大型停车场、工厂化农产品加工、展销等用地。

**（二）积极支持设施农业发展用地**

1. 设施农业用地按农用地管理

生产设施、附属设施和配套设施用地直接用于或者服务于农业生产，其性质属于农用地，按农用地管理，不需办理农用地转用审批手续。生产结束后，经营者应按要求进行土地复垦，占用耕地的应复垦为耕地。

非农建设占用设施农用地的，应依法办理农用地转用审批手续，农业设施兴建之前为耕地的，非农建设单位还应依法履行耕地占补平衡义务。

2. 合理控制附属设施和配套设施用地规模

进行工厂化作物栽培的，附属设施用地规模原则上控制在项目用地规模 5% 以内，但最多不超过 10 亩；规模化畜禽养殖的附属设施用地规模原则上控制在项目用地规模 7% 以内（其中，规模化养牛、养羊的附属设施用地规模比例控制在 10% 以内），但最多不超过 15 亩；水产养殖的附属设施用地规模原则上控制在项目用地规模 7% 以内，但最多不超过 10 亩。

根据规模化粮食生产需要合理确定配套设施用地规模。南方从事规模化粮食生产种植面积 500 亩、北方 1 000 亩以内的，配套设施用地控制在 3 亩以内；超过上述种植面积规模的，配套设施用地可适当扩大，但最多不得超过 10 亩。

3. 引导设施建设合理选址

各地要依据农业发展规划和土地利用总体规划，在保护耕地、合理利用土地的前提下，积极引导设施农业和规模化粮食生产发展。设施建设应尽量利用荒山荒坡、滩涂等未利用地和低效闲置的土地，不占或少占耕地。确需占用耕地的，应尽量占用劣质耕地，避免滥占优质耕地，同时通过耕作层土壤剥离利用等工程技术等措施，尽量减少对耕作层的破坏。

对于平原地区从事规模化粮食生产涉及的配套设施建设，选址确实难以安排在其他地类上、无法避开基本农田的，经县级国土资源部门会同农业部门组织论证，可占用基本农田。占用基本农田的，必须按数量相等、质量相当的原则和有关要求予以补划。各类畜禽养殖、水产养殖、工厂化作物栽培等设施建设禁止占用基本农田。

4. 鼓励集中兴建公用设施

县级农业部门、国土资源部门应从本地实际出发，因地制宜引导和鼓励农业专业大户、家庭农场、农民合作社、农业企业在设施农业和规模化粮食生产发展过程中，相互联合或者与农村集体经济组织共同兴建粮食仓储烘干、晾晒场、农机库棚等设施，提高农业设施使用效率，促进土地节约集约利用。

# 第三章　领办创办新型农业经营主体

## 第一节　新型农业经营主体及经营体系的概述

### 一、新型农业经营主体的概念

农业经营主体是指直接或间接从事农产品生产、加工、销售和服务的任何个人和组织，它必须具备以下 3 个条件：一是拥有或者掌握一定规模的土地、设备、资金等资产和一定数量的劳动力；二是具有一定的经营知识、经验和能力；三是能自主经营、自负盈亏、独立承担法律责任。

2012 年年底，中央农村工作会议正式提出培育新型农业经营主体的要求。新型农业经营主体是指具有相对较大的经营规模、较好的物质装备条件和经营管理能力，劳动生产、资源利用和土地产出率较高，以商品化生产为主要目标的农业经营组织。主要包括：家庭农场、专业种养大户、农业专业化合作经济组织和以农业产业化龙头企业为代表的农业企业及各类社会化服务组织。新型农业经营主体是构建我国集专业化、规模化、组织化、集约化、社会化于一体的新型农业经营体系的关键环节，是推动我国由传统农业向现代化农业转型的农业经营组织。

### 二、新型农业经营体系的概念

新型农业经营体系可以被理解为，在坚持农村基本经营制度的基础上，顺应农业农村发展形势的变化，通过自发形成或政府引导，形成的各类农产品生产、加工、销售和生产性服务主体及其关系的总和，是各种利益关系下的传统农户与新型农业经营主体的总称。

中央提出构建新型农业经营体系的要求，是针对我国目前农业农村发展形势做出的综合判断。新型农业经营体系是对农村基本经营制度的丰富发展。以家庭承包经营为基础、统分结合的双层经营体制，是我国农村改革取得的重大历史性成果，并在农村改革的深化中不断丰富、完善、发展。双层经营体制就是在农村集体经济组织中实行家庭承包经营的基础上，形成家庭分散经营和集体统一经营相结合的制度形式。双层经营体制下虽以家庭承包经营为主，但对于一些不适合农户承包或农户不愿承包的项目，还需集体统一经营和管理。国际经验表明，现代农业需要与之相适应的经营方式，集约化、规模化、组织化、社会化是现代农业对经营方式的内在要求。

已经具备了构建新型农业经营体系的基础和条件。我国已初步形成了以小规模农户为基础、以新型农业经营主体为骨干、社会化服务贯穿全程、各类主体利益关系相互联结的经营格局，加快构建新型农业经营体系的条件已经成熟。

## 第二节　家庭农场与专业大户

### 一、家庭农场规划设计

家庭农场作为一个独立的法律主体，对内自主经营，对外承担义务，相应的权利应有法律保障，承担的责任应由法律监督，政府扶持政策更需要一个经过法定程序确认的主体来承受。因此，无论从规范管理还是政策落实的角度，家庭农场主体资格的确认必须经过一定的审核和公示程序，工商注册登记可以作为家庭农场依法成立的前提条件。

## （一）注册类型

绝大部分家庭农场登记为个体工商户的主要原因在于：个体工商户的登记条件低，没有注册资本要求，无须验资，登记手续简便快捷，符合法定形式的，当场予以登记，管理宽松。然而，企业形式更符合家庭农场的规模化经营需求，规模化经营是家庭农场的基本特征，经营规模需要以一定数量的从业人员、资产总额、销售额等指标为支撑，而这些都需要通过组织化规范化的管理和经营方能实现。组织性是企业有别于个人的一大特征，营利性是企业追求的基本目的，以利润最大化为目标进行科学管理的企业特征有利于集聚人员、筹措资金和规范管理。采用企业形式设立家庭农场可以推进家庭农场的经营规模化、组织的规范化，提升产品的品牌效应，从而提高销售额和经营利润。

以投资和责任形式为标准，企业通常被划分为公司和个人独资企业、合伙企业三种基本形式，这些法人或非法人的企业形式兼具了个体工商户的功能优势又弥补了其缺陷。首先，个人独资和合伙这两类非法人企业既有个体工商户的灵活性又能享受同等的税收优惠政策。其次，个人独资企业、合伙企业和公司的企业属性弥补了个体工商户在生产经营管理方面的不足。

## （二）主体条件

家庭农场顾名思义是以家庭为基础，设立主体应是农户家庭，主要劳动力和从业人员应为家庭成员。建议参照现行法律中简单多数的立法习惯，以从业人员的过半数为限，即常年从事家庭农场生产经营的人员应有一半以上为家庭成员，季节性临时性的雇工人员不包括在常年从业人员的基数范围内，或者家庭成员至少有两人直接参与家庭农场的生产经营活动。至于农户家庭的其他条件如经营者的年龄、劳动能力、身体和业务素质、家庭中务农的具体人数、农村户籍所在地等可由各地根据具体情况自行决定是否设定。

## （三）经营范围

基于家庭农场的性质，其主要经营范围应限定在《中华人民共和国农业法》第二条所规定的农业生产范围，即种植业、林业、畜牧业和渔业等产业，包括与其直接相关的产前、产中、产后服务。目前有部分省市将"以农业收入为家庭收入主要来源"作为申请登记家庭农场应具备的条件之一，虽然家庭农场从事农业生产，以农业收入为主是毋庸置疑的前提条件，但是需要考量的是该家庭是否以从事农业生产为主。而农业收入占家庭总收入的比重在家庭农场作为农业生产的主要经营主体尚未设立并开展生产之际是无法判断和衡量的，将此作为家庭农场的设立条件不具有可操作性，既不现实也无必要。

## （四）经营规模

家庭农场应具有多大的规模？家庭农场经营规模的具体标准尚无公认的结论。在确定经营规模之前，必须考虑家庭农场之间因所在地区、所处时期、经营内容等诸多因素影响而存在的差异性。从宏观层面来看，可能还无法采用一个统一的方法来准确测算其最优规模。基于规模经济效益来测算各地区家庭农场的适度规模，尤其是对规模上限的确定。现实中，多数规定了家庭农场的规模下限，而对上限没有明确要求。

## （五）土地承包经营权

家庭农场生产经营所使用的土地是农村土地，依法属于农民集体所有或国家所有由农民集体使用，家庭农场只有通过家庭承包方式或承包权流转方式（荒山、荒沟、荒丘、荒滩等农村土地，通过招标、拍卖、公开协商等方式）方可取得该土地的使用权，无论哪种方式均有法定或约定的期限限制。土地使用权的相对稳定是家庭农场生产经营规模化和高效化的基础，因此，土地承包经营权的取得及期限应作为家庭农场成立的必要条件。

家庭农场获得的土地承包经营权的期限应以多长为宜？对此目前各地政府规定不一，而农林作物和农产品均有一定的生长周期，收益期长，土地承包期限过短会严重影响家庭农场的生产投入和经营效益，从而抑制家庭农场经营者的积极性。因此建议土地流转期限最短不得低于农林作物或农产品的收获期和收益期。

在现实操作中，一些地方将雇工人数、注册资金也列入了家庭农场登记注册时必须具备的条件范围。雇工人数和注册资金均可根据家庭农场申请注册登记的法律主体类型和性质遵循相应的法律规范要求。

## 二、家庭农场的经营模式

### （一）家庭农场+农业企业

农业龙头企业在家庭农场发展过程中可能发挥的作用是，作为公司可以应对高昂的信息成本、技术风险，降低专用性资产投资不足，提高合作剩余。龙头企业可以和家庭农场或者合作社，来进行合作经营，或者是"企业+订单农业"方式，成为农业经营方式上的创新。事实上，由于家庭农场的规模性以及对产品质量和品牌的关系，龙头企业都希望与家庭农场进行合作。

### （二）家庭农场+合作社

目前，农民组织化程度低的重要原因在于分散的小农户缺乏组织起来的驱动力，培育家庭农场为农民的组织化提供了基础。家庭农场具有较大规模，刺激农户合作的需求。合作社是实现农民利益的有效组织形式，因为小规模的农户经营加入合作社与否，并不能带来明显的利益。家庭农场则不同，加入合作社与否对其利益的获得具有显著影响，合作的需求就会被激发出来。

家庭农场与小农户生产的区别不仅表现在经营规模上，而且表现在现代化的合作经营方式上。家庭农场是农民合作的基础和条件。家庭农场为集约化经营创造了条件，家庭农场的专业化经营通过合作社的经营得以实现。就从农产品的市场营销而言，一个家庭农场打造一个品牌是很困难的，这就需要农场之间的联合，需要形成具有组织化特征的新型农产品经营主体，需要合作社去把家庭串起来。组织化和合作社主要解决小生产和大市场的矛盾，当然也解决标准化生产、食品安全和适度规模化的问题，各类家庭农场在合理分工的前提下，相互之间配合，获得各自领域的效益，这样它就可以和市场对接，形成一种气候和特色。

为促进家庭农场的可持续发展，家庭农场主之间存在合作与联合的动力，家庭农场也可以不断和其他生产经营主体融合。例如，形成"家庭农场+合作社""家庭农场+家庭农场协会"和"家庭农场+家庭农场主联社"的形式，以推进农资联购、专用农业机械的调剂、农产品培育、销售及融资等服务的开展。

### （三）家庭农场+合作社+龙头企业

"家庭农场+合作社+龙头企业"模式也是适宜家庭农场发展一种较好的模式选择，它能够把龙头企业的市场优势及专业合作社的组织优势有效结合起来，可以兼顾农户及龙头企业双方的利益，同时借助专业合作社的组织优势，提升家庭农场在市场中的地位。目前，这种模式普遍存在，在专业合作社较弱、缺乏加工能力的条件下，可以选用这样模式，将家庭农场有效组织起来，构建产加销一体化的产业组织体系，实现多赢的效果。

### 三、家庭农场的登记注册

#### (一) 家庭农场注册条件

家庭农场根据自身条件和发展需要，自主决定是否向工商行政管理机关申请市场主体资格登记。名称中含有"合伙""公司"字样的家庭农场应当办理注册登记。

申请登记的家庭农场应具备一定的土地经营规模。从事稻谷、小麦、玉米等谷物种植的，土地经营规模应为 100 亩以上；从事蔬菜、水果、园艺作物或其他农作物种植的，土地经营规模应为 30 亩以上；从事水产养殖的，土地经营规模应为 50 亩以上；从事种养相结合的，其土地经营规模应当达到上述标准下限的 70% 以上。

家庭农场可以将所在地村民委员会出具的、证明其拥有合法使用权的场所登记为其住所。

家庭农场经营范围以谷物、蔬菜、水果、园艺作物或其他农作物种植以及水产养殖为主要经营项目，可以种养结合或兼营相应的农场休闲观光服务。

#### (二) 申请家庭农场

#### (三) 家庭农场认定标准

(1) 土地流转以双方自愿为原则，并依法签订土地流转合同。

(2) 土地经营规模。水田、蔬菜和经济作物经营面积 30 公顷以上，其他大田作物经营面积 50 公顷以上。土地经营相对集中连片。

(3) 土地流转时间。10 年以上（包括 10 年）。

(4) 投入规模。投资总额（包括土地流转费、农机具投入等）要达到 50 万元以上。

(5) 有符合创办专业农场发展的规划或章程。

**（四）身份证原件**

家庭农场认定申请及审批表。

**（五）申请个人家庭农场的手续**

（1）要与出租土地给你的农民或村集体签好租地合同，注明租用面积（四至）、用途、价格、租用时间、经营方式、给付租金方式等。拿以上合同与出租人一道，上乡或区一级土地主管部门审核及批准备案。将以上资料提交到区县级建设部门。内容涉及你农场基本建设中，所建房屋的用途、面积、结构、规格等。以上手续跑完并得到批准后，就可开工建设了。

（2）个人家庭农场需要缴纳的税费。农业税（4%），个人所得税（25%），印花税（如果土地不是你自己的）。

（3）三级残疾证可以免税。以个体工商户注册的可以免税，企业聘用也有相应的优惠政策。

**四、专业大户与家庭农场的经营**

**（一）土地有序流转才能有稳定发展**

土地既是农业最重要的生产要素，其使用权也是农民最重要的权利。以农村土地家庭承包经营为基础发展专业大户、家庭农场，就需要通过流转土地经营权来扩大规模。按照中央的要求，依法赋予农民更加充分、更有保障的土地承包经营权，现有土地承包形成的全部权利与义务关系保持稳定。

农村土地承包经营权流转是随着农村劳动力转移而出现的必然现象，反映了农地合理利用和优化配置的客观要求，适度规模经营、提高农地利用率和劳动生产率具有重要作用，是发展专业大户、家庭农场的必要条件。

近些年来，随着农村劳动力大规模转移，土地流转速度明显加快。到 2012 年年底，全国土地承包经营权流转面积达到 2.7 亿亩，占到总承包（合同）面积的 21.5%。

专业大户、家庭农场在土地流转过程中，要依法办理土地经营权流转手续，使流转的土地有一个稳定的经营预期，才能保证经营土地的稳定性和可持续利用。

由于对专业大户没有户籍和雇工方面的限制，其经营规模的上限没有规定。而对于专业大户、家庭农场，因为要求以家庭成员为主要劳动力，就有一个适度经营规模的问题。

**（二）量力而行确定生产规模**

我国调查种养大户标准：经营耕地面积在 50 亩以上，年出栏生猪 50 头以上，年存栏 500 只以上蛋鸡或年出栏 2 000 只以上肉鸡，年存栏奶牛 10 头以上。

**（三）懂技术还要善经营会管理**

与传统农户相比，专业大户、家庭农场的一个显著特点是集约经营。所以，经营者应做到懂技术、善经营、会管理，这样才能把地种好，把畜禽养好，增加经济收入。

**（四）认证登记与做好生产纪录**

专业大户、家庭农场是在家庭承包经营的基础上发展起来的。

专业大户、家庭农场，如果是经过登记的企业法人，应有独立的企业台账，做好财务收支记录；如果只是经过认定的自然法人，虽然没有严格的财务管理规定，做好财务记录对于成本核算也是有好处的。做好生产记录，是了解生产过程、开展农产品质量追溯的基础。你的产品好不好，生产过程是否符合标准化生产的要求，往往要通过生产记录来证明。同时，完整的生产记录有利于总结经验，发现问题也好查找出来。

**（五）合适的市场与对路的产品**

专业大户、家庭农场，绝大多数是一业为主，而且生产的农产品比较稳定，受农产品市场和价格影响较大。因此，应当立足当地的自然资源和市场优势，生产适销对路的农产品。如果是特种种植或者养殖产业，一定要做好市场调查，防止生产出来的产品卖不出去。即使是当地习惯生产的农产品，也会出现市场风险。

### （六）生产过程需要分工合作

随着现代农业发展和家庭经营规模扩大，许多专业大户、家庭农场不仅需要雇用长期工，还需要雇用短期工。特别是大田粮食作物有季节性，农忙时人手不够的现象很普遍。近年来，农忙季节临时雇工非常困难，且价格不断上涨。因此，充分利用农民合作社和各类农业社会化服务组织，把一家一户办不了或者办起来不划算的事，通过社会化分工，由各类服务组织去做，是一个既省力又省钱的办法。

社会分工是提高工作效率的重要组织形式。发展生产大户和专业大户、家庭农场，也是我国实现农业生产专业化、规模化的重要途径。因此，我们要认识到小而全自给半自给小农生产模式的局限性，培养合作意识要家庭成员合理分工，明确工作目标和责任，还要在生产过程中充分利用社会资源，提高工作效率和经济效益。

# 第三节　农民专业合作社

## 一、农民专业合作社的性质及作用

### （一）民办民管民受益

农民专业合作社是在农村家庭承包经营基础上，同类农产品的生产经营者或者同类农业生产经营服务的提供者、利用者，自愿联合、民主管理的互助性经济组织。以其成员为主要服务对象，提供农业生产资料的购买，农产品的销售、加工、运输、贮藏以及与农业生产经营有关的技术、信息等服务。合作社成员以农民为主体，以为成员服务为宗旨，成员地位平等，实行民主管理，谋求全体成员的共同利益，盈余主要按照成员与农民专业合作社的交易量（额）比例返还。所以，农民专业合作社是"民办民管民受益"。

### （二）做一家一户做不了的事

我国农户承包经营的土地规模小，平均每户只有七八亩地。许多事情一家一户做不了，或者做起来不划算。

农民专业合作社的发展，提高了农民的组织化程度，为农业机械化提供了条件。为解决这个难题找到了一条途径。据农业部统计，截至 2011 年年底，农民专业合作社转入的土地面积达 3 055 万亩，占全国耕地流转总面积的 13.4%。

许多地方成立了农机专业合作社，为农户提供耕种、病虫害防治、收获等生产服务。

### （三）保护农民合法的承包权

据国家统计局信阳调查队范宝良对 100 个农户进行的土地承包经营权流转意向问卷调查，80% 的农户虽然愿意流转土地承包经营权，但即使在有利益补偿或完善的社会保障的情况下，愿意放弃土地的农户只有 40%。而在没有利益补偿的情况下，即使已经在城市工作和生活的农民工也不愿放弃土地权益。

## 二、农民专业合作社的权利

根据《中华人民共和国农民专业合作社法》第十六条的规定，农民专业合作社的成员享有以下权利。

1. 享有表决权、选举权和被选举权

参加成员大会，并享有表决权、选举权和被选举权，按照章程规定对本社实行民主管理。

（1）参加成员大会。这是成员的一项基本权利。成员大会是农民专业合作社的权力机构，由全体成员组成。农民专业合作社的每个成员都有权参加成员大会，决定合作社的重大问题，任何人不得限制或剥夺。

（2）行使表决权，实行民主管理。农民专业合作社是全体成员的合作社，成员大会是成员行使权力的机构。作为成员，有权通过出席成员大会并行使表决权，参加对农民专业合作社重大事项的决议。

（3）享有选举权和被选举权。理事长、理事、执行监事或者监事会成员，由成员大会从本社成员中选举产生，依照《中华人民共和国农民专业合作社法》和章程的规定行使职权，对成员大会负责。所有成员都有权选举理事长、理事、执行监事或者监事会成员，也都有资格被选举为理事长、理事、执行监事或者监事会成员，但是法律另有规定的除外。在设有成员代表大会的合作社中，成员还有权选举成员代表，并享有成为成员代表的被选举权。

2. 利用本社提供的服务和生产经营设施

农民专业合作社以服务成员为宗旨，谋求全体成员的共同利益。作为农民专业合作社的成员，有权利用本社提供的服务和本社置备的生产经营设施。

3. 按照章程规定或者成员大会决议分享盈余

农民专业合作社获得的盈余依赖于成员产品的集合和成员对合作社的利用，本质上属于全体成员。可以说，成员的参与热情和参与效果直接决定了合作社的效益情况。因此，法律保护成员参与盈余分配的权利，成员有权按照章程规定或成员大会决议分享盈余。

4. 知情权

查阅本社的章程、成员名册、成员大会或者成员代表大会记录、理事会会议决议、监事会会议决议、财务会计报告和会计账簿成员是农民专业合作社的社员应有的权利，对农民专业合作社事务享有知情权，有权查阅相关资料，特别是了解农民专业合作社经营状况和财务状况，以便监督农民专业合作社的运营。

5. 章程规定的其他权利

章程在同《中华人民共和国农民专业合作社法》不抵触的情况下，还可以结合本社的实际情况规定成员享有的其他权利。

### 三、农民专业合作社的义务

农民专业合作社在从事生产经营活动时，为了实现全体成员的共同利益，需要对外承担一定义务，这些义务需要全体成员共同承担，以保证农民专业合作社及时履行义务和顺利实现成员的利益。

根据《中华人民共和国农民专业合作社法》第十八条的规定，农民专业合作社的成员应当履行以下义务。

1. 执行成员大会、成员代表大会和理事会的决议

成员大会和成员代表大会的决议，体现了全体成员的共同意志，成员应当严格遵守并执行。

2. 按照章程规定向本社出资

明确成员的出资通常具有两个方面的意义。

一是以成员出资作为组织从事经营活动的主要资金来源。二是明确组织对外承担债务责任的信用担保基础。但就农民专业合作社而言，因其类型多样，经营内容和经营规模差异很大，所以，对从事经营活动的资金需求很难用统一的法定标准来约束。而且，农民专业合作社的交易对象相对稳定，交易人对交易安全的信任主要取决于农民专业合作社能够提供的农产品，而不仅仅取决于成员出资所形成的合作社资本。由于我国各地经济发展的不平衡，以及农民专业合作社的业务特点和现阶段出资成员与非出资成员并存的实际情况，一律要求农民加入专

业合作社时必须出资或者必须出法定数额的资金，不符合目前发展的现实。因此，成员加入合作社时是否出资以及出资方式、出资额、出资期限，都需要由农民专业合作社通过章程自己决定。

3. 按照章程规定与本社进行交易

农民加入合作社是要解决在独立的生产经营中个人无力解决、解决不好，或个人解决不合算的问题，是要利用和使用合作社所提供的服务。成员按照章程规定与本社进行交易既是成立合作社的目的，也是成员的一项义务。成员与合作社的交易，可能是交售农产品，也可能是购买生产资料，还可能是有偿利用合作社提供的技术、信息、运输等服务。成员与合作社的交易情况，按照《中华人民共和国农民专业合作社法》第三十六条的规定，应当记载在该成员的账户中。

4. 按照章程规定承担亏损

由于市场风险和自然风险的存在，农民专业合作社的生产经营可能会出现波动，有的年度有盈余，有的年度可能会出现亏损。合作社有盈余时分享盈余是成员的法定权利，合作社亏损时承担亏损也是成员的法定义务。

5. 章程规定的其他义务

成员除应当履行上述法定义务外，还应当履行章程结合本社实际情况规定的其他义务。

## 四、农民合作社的登记注册

### （一）申请营业执照

设立农民专业合作社，办理其工商注册登记手续，通常是需要由农民合作社的全体设立人（社员）推举的代表（发起人）或者共同委托的代表人牵头组织、办理和落实。一般来说，成立农民专业合作社需要到工商行政管理部门申请营业执照，并提交以下文件。

1. 登记申请书

申请书的主要内容应该包括申请人、申请请求及相关文件的依据等。

2. 全体设立人签名、盖章的设立大会纪要

纪要的内容主要包括会议的召开时间、地点、与会人员、会议讨论的问题、所达成的决议、章程通过情况等。

3. 全体设立人签名、盖章的章程

4. 法定代表人、理事的任职文件及身份证明

5. 出资成员签名、盖章的出资清单

6. 住所使用证明

7. 法律、行政法规规定的其他文件

对此,《中华人民共和国农民专业合作社法》第十三条还规定:

登记机关应当自受理登记申请之日起二十日内办理完毕,向符合登记条件的申请者颁发营业执照。

农民专业合作社法定登记事项变更的,应当申请变更登记。

农民专业合作社登记办法由国务院规定。办理登记不得收取费用。

《中华人民共和国农民专业合作社法》明确规定了农民专业合作社法定登记事项变更的,应该申请变更登记。法定的登记事项变更,主要指:经成员大会法定人数表决修改章程的,成员及成员出资情况发生变动的,法定代表人、理事变更的,农民专业合作社的住所地变更的,以及法律法规规定的其他情况发生变化的。

**(二) 农民专业合作社取得法人资格**

《中华人民共和国农民专业合作社法》第四条明确规定,农民专业合作社依照《中华人民共和国农民专业合作社法》登记,取得法人资格。

《中华人民共和国农民专业合作社法》第十条规定，农民专业合作社要成为法人，必须具备五项条件：①有五名以上符合《中华人民共和国农民专业合作社法》第十四条、第十五条规定的成员；②有符合《中华人民共和国农民专业合作社法》规定的章程；③有符合《中华人民共和国农民专业合作社法》规定的组织机构；④有符合法律、行政法规规定的名称和章程确定的住所；⑤有符合章程规定的成员出资。

只要具备上述五项条件的农民专业合作社，均可依法向住所地工商部门申请登记，取得法人资格。农民专业合作社在注册登记获得法人资格之后，便得到了国家法律认可的独立民商事主体地位，具备了法人权利能力和行为能力。在之后的运营过程中，便可以依法以合作社的名义登记财产（如申请合作社的字号、商标或专利等）、从事经济活动（如与其他的市场主体订立合同等）、参加诉讼和仲裁活动，也可以依法享受国家对合作社在财政、金融和税收等方面的扶持政策。

之后，合作社便可进行日常运行了。

## 五、农民合作社的提供的服务

### （一）优化农村产业结构

通过农民专业合作社，农民既可以联合起来从事种植业、养殖业，促进农业的专业化、规模化、标准化、机械化生产经营，也可以联合起来从事农产品加工业，提高农产品的附加值，还可以联合起来从事农用生产资料的购买、农业机械的租赁、农产品的贮藏和销售、农业技术信息服务等第三产业。因此，农民专业合作社的发展，不仅会促进第一产业的发展，还会促进农村第二产业、第三产业的发展，从而优化农村产业结构。

### （二）丰富家庭联产承包经营制度

参加农民专业合作社的农民在生产环节仍然以户为单位，

在流通、加工等环节进行合作，将农民生产的农产品和所需要的服务集聚起来，以规模化的方式进入市场。这种农民"生产在家，服务在社"的方式可以很好地解决家庭经营与市场经济的衔接问题，有效地解决政府"统"不了、部门"包"不了、单家独户"干"不了的难题，是对农村基本经营制度的丰富、发展、完善和创新，有利于家庭联产承包经营制度的长期稳定。

### （三）提高农业科技水平

如今，农民对农业科技的需求相当迫切，农民专业合作社把服务农户生产经营活动作为主要目标，通过引进新技术、新品种，开展技术培训，传播科技知识，制定生产技术规程，统一产品质量标准等，带领农民学科技、用科技，实行专业化、标准化生产，农民更易接受，效果更为直接，作用更为明显。这样可以加快农技推广速度、增加农产品的科技含量，从而提升农业科技水平。

### （四）增加农民收入

农民通过组建专业合作社参与农业产业化经营，主要有三种方式。第一种是"合作社+农户"，主要由能人大户或技术干部领办，一般从事除深加工以外的产前、产中、产后生产经营服务，与普通农民成员的利益联结比较紧密。第二种是"龙头企业（或其他经济组织）+合作社+农户"，在这种方式中，龙头企业可以通过合作社规范和约束农户的行为，获得更加稳定的原料来源，降低交易成本；农户则可以通过合作社提高自己在与龙头企业交易时的谈判地位，在价格形成、利润分配等问题上获得更多的发言权。这种方式既可以充分利用龙头企业的资金、技术、管理和信息等方面的优势，又可以较好地反映农民的利益要求，实现企业发展和农民致富的双赢。第三种是"合作社+企业+农户"，在这种方式中，合作社成为兴办农产品加工等企业的主体，合作社自己兴办的企业与农户成为真正的利益共同体，农民通过合作社这种组织形式开展加工、销售等经营活动，可以最大限度地享受到农产品加工和销售环节的利润。

### （五）保护农民利益

随着市场经济的发展，流通领域的势力范围逐步扩大。由于农民采取分散的家庭经营而非企业化运作，农业的大部分利润被中间商赚取。农产品供应链各环节的谈判控制权逐步从生产部门转向加工、销售部门。单门独户的农民，由于受限于能力和资源，抵御风险能力弱，成为整个农业生产链条中最脆弱的群体。然而，在自愿、平等基础上建立起来的农民专业合作社，如果按照"利益均沾、风险共担"的原则把分散的农户组织起来，由集合较多资源的组织去应对个人所无法承担的风险，既可避免生产的盲目性和同构性，又能发挥整体效用，从而保护农民利益。

### （六）提升农产品的市场竞争力

在市场竞争中，农业作为弱质产业，要面临自然和市场双重风险，分散的农户在信息、资金、生产规模等方面都与大市场不对称，抵御风险的能力弱，直接后果就是市场竞争力不强。农民专业合作社在组织农户、农企的产品进入市场时，采取统一的品牌、统一的标准、统一的质量、稳定的批量供货，既能在一定程度上提高农户的农产品价格，又能使加工企业和市场得到充足而高质量的货源，使一家一户的小生产和千变万化的大市场进行了有效对接。这有利于整合农业资源，形成合力，改变以弱小个人面对强大市场的不利状况，从而提升农产品的市场竞争力。

## 六、农民专业合作社示范社创建标准

农民专业合作社示范社是指从农民专业合作社选出相应比

较出众的合作社起到一个示范带头的作用，国家并给与相应的辅助政策。

农民专业合作社示范社是农业发展方式转变和农业转型升级的有效途径，切实抓好示范社培训建设，加大财政和政策支撑，发挥其示范带动作用，快速提升农民专业合作社水平。

主要有下列标准。

（1）民主管理好。包括：一是每年至少召开一次成员（代表）大会，涉及重大财产处置和重要生产经营活动等事项由成员（代表）大会决议通过，成员（代表）大会选举和表决实行一人一票制，切实做到民主决策和管理；二是实行社务公开和财务公开制度，并建立健全社务监督机构，行使监督权，切实做到民主监督。

（2）经营规模大。经营产业是本区域优势主导产业或特色产业，经营规模高于本区域同行业农民合作社平均水平，生产经营机械化程度高，合作社拥有一定数量的农机具装备等。

（3）服务能力强。每个层次的合作社示范社入社成员数量高于本区域同行业农民合作社成员平均水平，农民合作社为社员提供的生产经营全过程服务要达到规定的比例，并能进行标准化生产和产品质量管理。

（4）产品质量优。农民合作社所有成员能够按照《农产品质量安全法》和《食品安全法》的规定，建立生产记录制度，完整记录生产全过程，实现产品质量可追溯，获得"三品一标"证书要达到一定的数量和比例。合作社农产品具有一定的品牌，并能获得较高的经济效益。

（5）社会声誉高。合作社及其社员无生产（质量）安全事故、行业通报批评、媒体曝光等不良记录。成员收入较高，每个层次示范社社员收入相应高于本区域内同行业非成员农户收入一定比例以上。

# 第四节 社会化服务组织

## 一、农业社会化服务的概念

农业社会化服务是指与农业相关的社会经济组织，为满足农业生产的需要，为农业生产的经营主体提供的各种服务。它是运用社会各方面的力量，使经营规模相对较小的农业生产单位，适应市场经济体制的要求，克服自身规模较小的弊端，获得类似大规模生产效益的一种社会化的农业经济组织形式。

## 二、农业社会化服务的作用

### （一）有利于提升农民的市场竞争力，增加农民收入

农村实行家庭联产承包责任制后，一家一户的分散经营成了农村经济运行的主要方式。这种生产经营方式虽然有利于调动农民生产积极性，但生产规模小、生产标准化水平低、产品交易成本高、抵御市场风险和自然风险的能力较弱。把分散的一家一户的小规模经营纳入社会大生产的轨道，实现与大市场相衔接，最好办法就是建立覆盖全程、综合配套、便捷高效的社会化服务体系。

### （二）有利于农业生产发展

分散的一家一户式的经营状态不利于科技投入、农业科技产业化的实现、农业基础设施建设，不利于农业生产发展和农业现代化的实现。通过社会化服务组织的引导，各种农业生产要素可以通过各种形式形成适度规模化生产。

### （三）有利于巩固农业基础地位，推进农业现代化的实现

提高农业比较效益，既要依靠科学技术提高单位面积产出率，又要通过产业链的延伸，发展农副产品加工、贮藏、运输

业，实现农副产品的转化增值，使农业发展成为高效益的产业。通过农业社会化服务体系，有效地把各种现代生产要素注入农业生产经营中，不断提高农业的特种技术装备水平，促进农业的适度规模经营，逐步提高农业生产的专业化、商品化和社会化。

### 三、农业社会化服务体系的构成

农业社会化服务组织可分为以下四类。

#### （一）与农业相关的社会经济组织

包括政府公共服务体系，如提供基础设施建设的服务体系，提供资金投入的服务体系，提供信息服务、提供政策和法律服务等；提供技术推广的服务体系，主要有农技站、林业站、农机站等以良种供应、技术推广和科学管理为重点的、提供公益性服务的组织。

#### （二）村集体经济组织

制度设计的主要职能是统一购销种子、化肥等服务，统一机耕、机翻、机播等作业服务以及一定的社区公益事业服务等。

#### （三）与农业生产者处于平等地位的服务组织

它们一般以自身利益最大化为目标，为农民提供运输、加工、销售等方面的有偿服务。

#### （四）农业生产者的自发组织

各类专业合作社、专业协会和产销一体化的服务组织。

## 第五节 农业产业化龙头企业

### 一、农业产业化龙头企业的发展背景

随着经济全球化的发展，劳动分工的深化和跨国公司的兴

起，经济资源在全球范围内流动和配置。我国与其他国家的贸易往来更加密切，经济的全球一体化，我国农产品关税逐渐降低，为农业产业化龙头企业的发展带来机遇，也带来严峻挑战。

农业产业化龙头企业可以通过引进外资、技术和管理经验提高自身生产经营管理能力。国外农产品进入我国市场也对我国农产品生产起到了示范作用。市场环境促使我国农产品加工程度深化，农产品档次提高。我国农业企业可以借鉴先进经验，发挥后发优势，跟随策略、瞄准目标，提高自身实力，通过规范运作、科学管理、加强创新，发展成为效益优良的现代农业产业化龙头企业。

国外农产品涌入中国市场，给我国农业产业化龙头企业带来更加激烈的市场竞争。其他国家在降低我农产品关税的同时，也提高了非关税壁垒和检疫检验的要求。由于发达国家的技术法规和标准普遍高于发展中国家，因此，我国农业产业化龙头企业在拓展国际市场时，可能会遭遇更多困难和压力。一方面要面对发达国家要求的技术法规和标准，另一方面要通过结构性和技术性调整适应这种严格标准，这会增加企业的经济负担和成本。就我国目前农业企业的现状来看，规模还都较小，技术含量不高，市场意识和品牌意识较差，在国际竞争中处于劣势地位。要适应全球化的发展就要注重生产技术和创新能力的提高，这样才能打破发达国家的关税壁垒，在国际市场上占有一席之地。

知识经济的兴起，也对我国农业产业化龙头企业的发展产生了影响。知识经济时代下，网络技术充分应用，信息交流的方式有所改变，信息传播速度大幅加快，对企业的生产经营模式产生很大影响。企业发展需要不断加强管理创新，保持组织灵活性以适应日新月异的外部环境。在企业内部要建立通畅的信息交流网络，实现内部信息共享和交流；也要通过现代网络技术构建与外部的交流平台，以及时了解客户需求和市场信息，并及时按照需求变化调整生产经营计划，逐步实现线上交易，节约交易成本。我国的农业企业在此背景下，要面临激烈的技术竞争，也要实现传统产业的升级。尤其是农业产业化龙头企业作为传统农业改造升级的中坚力量，要承担提高农业产出水平和收益水平并维护经济发展和社会稳定的重要职责，龙头企业要积极引进先进科学技术，提高技术水平，加强创新能力，实现持续革新，保持永久活力。同时要树立品牌意识和危机意识，摆脱对国外先进技术的依附，在市场竞争中争取主动。

我国目前处于快速发展和经济转轨阶段，城市化水平不断提高，对农业产业化龙头企业的发展和定位提出新的要求。人民收入水平不断提高，对健康和安全的关注度增强，对农产品的消费逐步由数量型向质量型转变，对有机食品、无公害食品和绿色食品需求增加，对方便、营养、卫生的标准要求提高，对亲近自然、休闲农业的关注度增强。农业产业化龙头企业要适应这些市场需求的变化，在提高农产品质量、创新产品品种的同时，还要注意满足消费者的个性化需求，并以此为契机争取创新资源，在市场导向的前提下提升战略管理水平，提高盈利能力。

## 二、农业产业化龙头企业促进农业技术的推广

随着农业产业化的深入发展，农业产业化龙头企业不断涌现，形成了以此为主导的农业技术推广体系。农业产业化龙头企业发挥专业化、社会化和农科教一体化的协同优势，从多角度提高生产经营和劳动力的整体素质，并且在农业生产的各个环节广泛应用科学技术，提高农产品的科技含量。农业产业化龙头企业借助自身的专业化技术知识和消费网络，将相关的农业技术传播给农户，并将技术知识应用到实际农业生产经营当中，转变了农业发展方式，促进了农业现代化进程。农业产业化龙头企业与农户联系密切，形成利益共同体，在此过程中，

龙头企业采用一系列先进技术手段，提高了农业现代化水平和农业生产效率，降低了劳动监督的费用和难度，将农业生产技术、知识和管理经验分享给农民，与农民一道实现农业产业化的目标。农业产业化龙头企业在生产经营过程中与很多相关的上、下游企业有业务往来，在此供应链上各个节点的合作关系对农业生产经营技术的推广有重要的推动作用。具体来说，农业产业化龙头企业与相关领域的生产经营企业、政府部门、科研院所都有联系，具有创新能力的研发成果构成整个农业技术推广链上的源头，农技知识以此为开端向农户扩散。农业产业化龙头企业在此过程中保证了农业生产经营技术的有效扩散，对涉农供应链进行了高效管理，在日常管理、企业内部流程、品牌形象管理、储备与销售方面实现了规范化和流程化。

在这种一体化的经营模式下，龙头企业和农户有共同的盈利目标，双方共同构成农技推广的动力源。龙头企业期望农户生产的农产品品质更高，因此会将高品质种子、优质化肥等推荐给农户，也会向农户传授先进的农业科技成果。家庭承包经营中出现问题时，龙头企业进行技术支持，帮助解决问题；农户为了增加收益会种植市场行情更好的农产品，会主动使用高质量种子，应用现代化种植技术。二者合力推动农业生产经营技术的推广，保证先进技术的转化率，带动相关人员知识和科技素养的提高，促进农产品的规模化和标准化生产。

农业产业化龙头企业采用连锁经营拓展市场，具有规模优势和品牌优势。龙头企业有实力在市、县设立管理站，再以此为扩散源，形成连锁经营模式，降低了成本，提高了品牌效益，还能够保证相关技术服务和农业资讯及时传递到农户手中，而且方便收集相关反馈信息，有利于技术改进。连锁经营的方式使得农业产业化龙头企业融入农村生活，建立基层农业推广站，及时了解对应区域内农户对农业技术的需求，促进了双方的沟通和交流，促进了龙头企业对地方农户的依赖，双方合作关系更加稳固，农民也因此学习到更多有用的农业技术。

农业产业化龙头企业与农户共同获得利益，从而促使二者相互合作。共同利益的来源是知识溢出所创造的价值增值。各个成员获取知识的能力越强，知识链上的成员获得的收益就越多。而且知识链上的成员相互影响，也促使龙头企业吸纳更多农户进入农技推广体系中来，并且在产前、产中、产后各个环节进行指导。除此之外，没有参加农业产业化龙头企业农技项目的农户也能享受到农技推广的部分好处，农民的知识水平因此得到提高，交易成本降低，合作关系进一步增强。

### 三、农业产业化龙头企业发展存在的问题

我国农业产业化龙头企业地域间发展不平衡，大部分分布在东部地区，中部、西部地区数量较少，地域性明显。政府对龙头企业的扶持也有待规范。各地虽然出台了很多扶持龙头企业的优惠政策，但是落实得不够。政府对龙头企业的支持大多停留在资金层面，给予人才、科技等方面的支持较少。

农业产业化龙头企业与农户的利益联结机制不够完善。部分龙头企业通过合同农业、订单农业等利益联结机制与农户建立了经济关系，企业和农户都追求自身利益最大化，契约关系不够稳定，当市场价格高于契约价格时，农户不愿意将农产品卖给龙头企业；当市场价格低于契约价格时，龙头企业不愿意大量收购农产品，造成双方较高的违约率。还有一些龙头企业与农户只是市场买卖关系，双方没有稳定的供需关系，要么龙头企业不愿意收购农产品导致农户农产品难卖，要么农户惜售导致龙头企业的原材料得不到保障，因此有效的利益联结机制难以很好地形成。

我国的社会化服务体系无法满足农业产业化龙头企业的需求。我国的土地流转市场、农业科技市场等服务市场体系不够健全，完成交易需要花费大力气，企业在科技、人才战略方面

还需要不断完善。土地流转市场的不健全使得龙头企业建立生产基地时未能广泛征求当地农户意见，与政府的直接谈判，客观上忽视了当地农户的权益，造成很多土地冲突问题。在金融支持方面，商业银行对龙头企业的贷款需求要求严苛，不利于龙头企业获得充足资金，龙头企业发展受到相应阻碍。

就农业产业化龙头企业自身而言，一些企业长期租赁农民土地，但是土地租金偏低。还有一些企业未将转租的土地投入农业生产，而是用于发展园艺、旅游业等，存在非农化、非粮化的现象。相对于农业产业化龙头企业经营的大面积土地而言，其能解决就业的农村劳动力却是少数。龙头企业虽然与农户建立了利益联结模式，但是总体上在龙头企业与农户的利益联结中，农民处于绝对劣势，话语权不够，得到的增值收益很少。农业产业化龙头企业在一定程度上也改变了农民的生活方式，甚至改变农村社会的阶层结构，当农民的业主身份转变为企业雇工时，心理状态、行为方式和生活习惯都会发生较大的变化。此外，作为企业，农业产业化龙头企业以营利为目的，需要实现利润最大化，对土地的利用方式发生改变，可能会对土地肥力、生态环境和可持续发展造成破坏。龙头企业的经营风险可能会导致农民的土地租金受损，造成农业土地复耕难度大，土地入股的农户在企业债务清偿时会遭遇法律难题。尤其是农产品加工类的龙头企业，主要从事农副产品收购、加工和销售，季节性较强，需求量大，收购旺季时资金需求矛盾很突出，融资困难。

## 四、发展农业产业化龙头企业的有利条件

农业产业化龙头企业具有丰富的自然资源。我国的自然地理环境为农业生产提供了很多可能性。不同地区可以因地制宜，发展支柱产业，打造特色农产品。此外，各地还具有丰富廉价的劳动力资源，农村大量的剩余劳动力，对工资福利和安定程

度的要求不高，能够大幅减少企业的雇用成本。

农业产业化龙头企业具有有力的政策支持。龙头企业加快农业产业化发展，带动农民增收，各级政府关注并抉持龙头企业。国务院发布《关于支持农业产业化龙头企业发展的意见》，从原料采购、设备引进、农产品收购、固定投资等各个方面给予龙头企业大力支持，一系列的优惠政策为龙头企业的发展提供了良好的政策环境。

农业产业化龙头企业具有经济全球化机遇。随着经济全球化发展，农业产业化龙头企业走向国际有着大量的机遇。国外品牌进入中国市场也通过原材料本土化策略给了龙头企业巨大商机。龙头企业若能抓住机遇，迎接挑战，化解威胁，就能在全球市场中争得一席之地。

农业产业化龙头企业拥有信息化契机。随着网络通信技术的快速发展，龙头企业有条件享受信息化带来的便捷。涉农网站、农村市场信息等逐渐丰富完善，为农业企业提供信息支持。农业产业化龙头企业也可以自建网站，丰富宣传方式，加大宣传力度，促进自身发展和壮大。

## 五、农业产业化龙头企业的发展策略

### (一) 农业产业化龙头企业的发展要关注的几个方面

农业产业化龙头企业要注重品牌化战略。传统的价格竞争已经演变为以品牌竞争为核心的全面竞争，龙头企业要注意树立品牌形象。例如，内蒙古蒙牛乳业（集团）股份有限公司坚持"培育核心产品，抢占技术高端"的多品牌化战略，且申请了847件国家专利，注册商品产品有430件；山东鲁花集团有限公司坚持"做好油"的品牌化战略，以"提高国民健康水平，增强民族整体素质"为出发点保证产品质量，用户满意率高达100%。福建圣农集团有限公司坚持"质量优先，专而精"的品牌化战略，在大力开发多种农产品品牌的同时打造顶尖品牌。

可见品牌化战略给龙头企业带来活力，提高了产品的市场竞争力，能够扩大龙头企业的市场份额，提高盈利水平。龙头企业要改变传统的农产品生产观念，将品牌化战略发扬光大，在做大品牌的同时，更要注意品牌文化的建设，重视维护品牌信用。

农业产业化龙头企业要注重科技创新战略。科技创新与企业的产品研发、技术变迁等息息相关，是企业发展壮大的必要条件，是决定企业竞争能力的关键因素，企业只有坚持科技创新战略才能适应消费者的不同需求，满足复杂多变的消费市场。龙头企业科技创新要以先进的科学技术为基础，融合农产品创新和工艺创新，提高产品品质和科技含量。与此同时，要加强产品的更新换代，增强企业的综合实力。在科技创新的过程中，要以市场需求为导向，不能忽视市场需求，形成多层次的科技投入结构，以技术支持体系确定龙头产业的发展战略。

农业产业化龙头企业要注重信息化战略。目前，我国农业产业化龙头企业的信息化建设还处于初级探索阶段，在技术变革、人才引进、资金运转等方面还存在短板，为了迎接新的机遇和挑战，农业产业化龙头企业的信息化建设具有重大意义。

龙头企业应该从实际出发，结合我国国情，实施信息化战略，提高对农业信息化的认识。结合机制创新、体制创新、技术创新和管理创新等活动，以最需要实现信息化建设的环节作为突破口，研发和利用信息资源，提高对市场变化的应对能力。结合资本、信息、技术等要素，构建有效的激励和约束机制，调动企业员工的积极性。充分利用企业外部的信息网络，统计和分析农产品交易数据和价格趋势，根据信息资源制订自身发展计划，实现战略目标。

农业产业化龙头企业要注重联盟战略。在经济全球化的背景之下，企业之间已经从原来单纯的对立竞争关系调整为合作竞争，联盟战略作为合作竞争的主要方式应该受到企业的重视。农业产业化龙头企业需要在产品研发、质量控制、技术创新、市场开拓等方面与其他企业开展合作，打造双赢的局面。一方面，龙头企业可以与国内大的销售网络甚至跨国公司形成战略联盟，并借此拓展企业规模，适应国内外市场；另一方面，可以和农业行业协会结成联盟，获得整个行业的相关信息，与时俱进；再者，还可以与权威科研机构实现战略联盟，借助科研机构的先进技术和研发成果，申请相应产品的专利，实现个性化生产。

农业产业化龙头企业要注重"走出去"战略。"走出去"是我国发展外向型经济，参与经济全球化的必由之路。龙头企业不能只局限于国内市场，而要实施"走出去"战略，拓展国际市场，提高企业的国际竞争力。龙头企业要实现产业结构调整，进行企业机制体制转化，建立资源、人才、技术、资金等各个方面的激励和约束机制，开拓多元化市场，争取能够引入外资，建立良好的资金运转机制。

农业产业化龙头企业要注重可持续发展战略。龙头企业要立足于农业、农村，关注社会的可持续发展目标，在提高利润水平的同时适应外界环境变化，合理配置资源，实现可持续发展。虽然就目前而言，大多数龙头企业还处于起步阶段，时机还不够成熟，没有足够的资金和技术实现可持续发展，但是要树立可持续发展意识，并及时调整完善。只有注重可持续发展战略，才能保证龙头企业稳定、高速发展。

## （二）农业产业化龙头企业融资方式

龙头企业的内源性融资。内源性融资属于企业的权益性融资，是龙头企业生产经营产生的资金，是内部融通的资金，主要由留存收益和折旧构成，构成企业的自有资金，是一个将自己的储蓄转化为投资的过程。

龙头企业的外源性融资。外源性融资属于债务性融资，债务性融资构成负债，债权人不参与龙头企业的经营决策，龙头企业按期偿还约定的本息。外源性融资方式包括银行贷款、发行股票、企业债券等，通过吸收其他经济主体的储蓄，转化为自己的投资。

其他融资。国家对农业及农业相关产业大力扶持，国家各级政府出台了不少政策扶持农业龙头企业的发展，比如直接拨款、对龙头企业进行贷款贴息、出资为龙头企业组建信贷担保公司、提供税收优惠等。

### （三）农业产业化龙头企业在融资方面存的问题

农业产业化龙头企业的融资意识比较薄弱。大多数龙头企业的经营规模较小，处于成长期，生产经营的大多是初级农产品，产品科技含量较低。加上农业企业生产周期较长，资金周转缓慢，具有较强的季节性，投入产出效率低，经营风险较大。

因此，农业龙头企业的融资意识普遍较低，还没有意识到内源性融资对企业的重要意义，内部利润分配存在短期化倾向。企业也缺乏积极争取融资的意识，导致外源性融资不足。

农业产业化龙头企业的融资方式比较单一。龙头企业的融资方式大多停留在常规性的融资方式上，内源性融资主要是将未分配利润、公积金等作为进一步融资；外源性融资大多选择传统的银行或信用社贷款，农村资金互助组织融资、贷款公司融资等方式很少。

农业产业化龙头企业的融资担保不够完善。信用担保存在担保贷款发放主体少、担保面窄、担保贷款资金额度有限、担保存在风险等问题。

### 六、申报、认定农业产业化龙头企业

#### （一）申报农业产业化龙头企业

根据《农业产业化国家重点龙头企业认定和运行监测管理办法》，申报企业应符合以下基本标准。

1. 企业组织形式

依法设立的以农产品生产、加工或流通为主业、具有独立法人资格的企业。包括依照公司法设立的公司，其他形式的国有、集体、私营企业以及中外合资经营、中外合作经营、外商独资企业，直接在工商管理部门注册登记的农产品专业批发市场等。

2. 企业经营的产品

企业中农产品生产、加工、流通的销售收入（交易额）占总销售收入（总交易额）的70%以上。

3. 生产、加工、流通企业规模

总资产规模：东部地区1.5亿元以上，中部地区1亿元以上，西部地区5 000万元以上；固定资产规模：东部地区5 000万元以上，中部地区3 000万元以上，西部地区2 000万元以上；年销售收入：东部地区2亿元以上，中部地区1.3亿元以上，西部地区6 000万元以上。

4. 农产品专业批发市场年交易规模

东部地区15亿元以上，中部地区10亿元以上，西部地区8亿元以上。

5. 企业效益

企业的总资产报酬率应高于现行一年期银行贷款基准利率；企业应不欠工资、不欠社会保险金、不欠折旧，无涉税违法行为，产销率达93%以上。

6. 企业负债与信用

企业资产负债率一般应低于60%；有银行贷款的企业，近两年内不得有不良信用记录。

7. 企业带动能力

鼓励龙头企业通过农民专业合作社、专业大户直接带动农户。通过建立合同、合作、股份合作等利益联结方式带动农户的数量一般应达到：东部地区4 000户以上，中部地区3 500户以上，西部地区1 500户以上。

企业从事农产品生产、加工、流通过程中，通过合同、合作和股份合作方式从农民、合作社或自建基地直接采购的原料或购进的货物占所需原料量或所销售货物量的70%以上。

8. 企业产品竞争力

在同行业中企业的产品质量、产品科技含量、新产品开发能力处于领先水平，企业有注册商标和品牌。产品符合国家产业政策、环保政策，并获得相关质量管理标准体系认证，近两年内没有发生产品质量安全事件。

9. 申报企业原则上应是农业产业化省级重点龙头企业

符合以上第1、第2、第3、第5、第6、第7、第8、第9款要求的生产、加工、流通企业可以申报作为农业产业化国家重点龙头企业；符合以上第1、第2、第4、第5、第6、第8、第9款要求的农产品专业批发市场可以申报作为农业产业化国家重点龙头企业。

企业申报时，要提供以下材料。

企业的资产和效益情况须经有资质的会计师事务所审定。

企业的资信情况须由其开户银行提供证明。

企业的带动能力和利益联结关系情况须由县以上农经部门提供说明。应将企业带动农户情况进行公示，接受社会监督。

企业的纳税情况须由企业所在地税务部门出具企业近3年内纳税情况证明。

企业质量安全情况须由所在地农业部门提供书面证明。

申报程序如下。

申报企业直接向企业所在地的省（自治区、直辖市）农业产业化工作主管部门提出申请。

各省（自治区、直辖市）农业产业化工作主管部门对企业所报材料的真实性进行审核。

各省（自治区、直辖市）农业产业化工作主管部门应充分征求农业、发改、财政、商务、人民银行、税务、证券监管、供销合作社等部门及有关商业银行对申报企业的意见，形成会议纪要，并经省（自治区、直辖市）人民政府同意，按规定正式行文向农业部农业产业化办公室推荐，并附审核意见和相关材料。

### （二）农业产业化龙头企业如何认定？

由农业经济、农产品加工、种植养殖、企业管理、财务审计、有关行业协会、研究单位等方面的专家组成国家重点龙头企业认定、监测工作专家库。

在国家重点龙头企业认定监测期间，从专家库中随机抽取一定比例的专家组建专家组，负责对各地推荐的企业进行评审，对已认定的国家重点龙头企业进行监测评估。专家库成员名单、国家重点龙头企业认定和运行监测工作方案，由农业部农业产业化办公室向全国农业产业化联席会议成员单位提出。

国家重点龙头企业认定程序和办法如下。

专家组根据各省（自治区、直辖市）农业产业化工作主管部门上报的企业有关材料，按照国家重点龙头企业认定办法进行评审，提出评审意见。

农业部农业产业化办公室汇总专家组评审意见，报全国农业产业化联席会议审定。

全国农业产业化联席会议审定并经公示无异议的企业，认定为国家重点龙头企业，由八部门联合发文公布名单，并颁发证书。

# 第六节　新型农业经营主体面临的问题

## 一、面临的问题

一是对新型经营主体的风险保障不足。相对于普通农户来看，新型经营主体规模比较大，所以面临更大的自然风险、市场风险和质量安全风险。现在我们的保险保障水平还远远不能适应。

二是农业配套设施建设滞后。新型主体需要集中连片的农田，对晾晒烘干的设施，对加工存储的设施需求都比较大，要求更迫切。现在仅仅靠新型经营主体的自身投入也面临不少难度，需要政府的支持。

三是融资方面，供需对接还不顺畅。实事求是说，这些年来我们银行、金融系统对扶持新型经营主体，在服务方式、服务内容和产品创新方面做了大量工作，采取了很多措施，但是由于缺乏有效抵押物等原因，贷款难、贷款贵的问题依然比较突出。因为越是规模经营，越是新的大主体，对金融、对贷款的需求越需要，资金需求更大。

## 二、应对措施

一是实施新型农业经营主体培育工程。扶持一批一二三产业融合，适度规模经营多样、社会化服务支撑、以"互联网+"紧密结合的各类新型经营主体。要加大政策支持力度，着力培育一批示范家庭农场、示范合作社和示范农业产业化联合体，使这些示范主体能够成为规范运营、标准化生产和带动农民的标杆和骨干。同时要加大对新型经营主体开展农业生产托管等社会化服务的财政支持力度，加大对新型经营主体带头人轮训的支持。

二是支持新型经营主体参与现代园区建设。在 2017 年已经批准创建 41 个国家现代农业产业园的基础上，2018 年再建一批国家现代农业产业园，择优支持一批全国农村创业创新示范园区（基地）。这些园区是我们新型经营主体的主战场，是一个重要的发展平台。我们要支持新型经营主体到产业园、科技园、创业园发展农产品加工流通、电子商务、农机装备租赁等新产业新业态。

三是支持农产品初加工和农业生产性服务业发展。抓好落实财政支持、税费减免、设施用地、电价优惠这些政策，重点支持新型经营主体发展农产品加工。同时要对深耕深松、机播机收、疫病防控等生产性服务给予补助。此外，还鼓励拓展营销市场，支持新型经营主体带动农户应用农业物联网和电子商务等。

四是开展信贷支农行动。综合运用税收、奖补政策，鼓励金融机构创新产品和服务，加大对新型经营主体、农村产业融合发展的信贷支持。继续完善农业信贷担保体系，推动省级农业信贷担保公司加快向市县延伸，2018年争取实现主要农业县全覆盖，要求对新型经营主体的农业信贷担保余额占总担保规模比重达到70%以上。还要支持开展农业设施设备的抵押贷款和生产订单融资，推广大型农机设备融资租赁，深入开展农村承包土地经营权和农民住房财产权抵押贷款试点。

五是深入实施农业大灾保险试点。继续做好农业大灾保险试点工作，实施三大粮食作物农业保险试点，小麦、玉米、水稻三大作物农业保险试点，研究出台一个加快发展农业保险的指导意见，推动保障水平覆盖全部生产成本，现在只是覆盖了直接的物化成本。要完善农业再保险体系和大灾风险分散机制，降低农户和新型经营主体生产风险，增加收入。

# 第七节　新型农业经营主体与休闲农业

## 一、农业项目的申报程序

农业基本建设项目必须严格按基本建设程序做好前期工作。项目前期工作包括项目建议书、可行性研究报告、初步设计的编制、申报、评估及审批，以及提出开工报告、列入年度计划、完成施工图设计、进行建设准备等工作。

项目建设单位根据建设需要提出项目建议书。项目建议书批准后，建设单位在调查研究和分析论证项目技术可行性和经济合理性的基础上，进行方案比选，并编制可行性研究报告。

项目可行性研究报告批准后，建设单位可组织编制初步设计文件。

项目初步设计文件批准后，可进行施工图设计。

## 二、农业项目的编制

### 1. 项目申报书的编制

项目申报书应由建设单位或建设单位委托有相应工程咨询资质的机构编写。

项目申报书必须对项目建设的必要性、可行性、建设地点选择、建设内容与规模、投资估算及资金筹措，以及经济效益、生态效益和社会效益估计等作出初步说明。

### 2. 项目可行性研究报告的编写

农业建设项目可行性研究报告应由具有相应工程咨询资质的机构编写。技术和工艺较为简单、投资规模较小的项目可由建设单位编写。

项目可行性研究报告的主要内容包括总论、项目背景、市场供求与行业发展前景分析、地点选择与资源条件分析、工艺技术方案、建设方案与内容、投资估算与资金筹措、建设期限与实施计划、组织机构与项目定员、环境评价、效益与新增能力、招标方案、结论与建议等。

### 3. 项目初步设计的编制

初步设计和施工图设计文件应由具有相应工程设计资质的机构编制，并达到规定的深度。

项目初步设计文件根据项目可行性研究报告内容和审批意

见，以及有关建设标准、规范、定额进行编制，主要包括设计说明、图纸、主要设备材料用量表和投资概算等。

### 三、新型农业经营主体发展休闲农业与乡村旅游

休闲农业与乡村旅游发展日益受到国家重视，各项利好政策陆续出台。目前，国务院办公厅印发了国家层面首个系统部署转变农业发展方式工作的重要文件《关于加快转变农业发展方式的意见》（以下简称《意见》）。

《意见》指出，近年来我国农业农村经济发展取得巨大成绩，为经济社会持续健康发展提供了有力支撑。但农业发展面临的各种风险挑战和结构性矛盾也在积累集聚，统筹保供给、保安全、保生态、保收入的压力越来越重，迫切需要加快转变农业发展方式。《意见》要求，人民银行、银监会、证监会、保监会要积极落实金融支持政策。教育部、科技部、工业和信息化部、国土资源部、环境保护部、水利部、商务部、质检总局等部门要在"创新农业经营方式，延伸农业产业链"方面，《意见》明确提出创新金融服务，把新型农业经营主体旅游规划纳入银行业金融机构客户信用评定范围，对信用等级较高的在同等条件下实行贷款优先等激励措施，对符合条件的进行综合授信；探索开展农村承包土地经营权抵押贷款、大型农机具融资租赁试点，积极推动厂房、渔船抵押和生产订单、农业保单质押等业务，拓宽抵质押物范围。

支持新型农业经营主体利用期货、期权等衍生工具进行风险管理；在全国范围内引导建立健全由财政支持的农业信贷担保体系，为粮食生产规模经营主体贷款提供信用担保和风险补偿；鼓励商业保险机构开发适应新型农业经营主体需求的多档次、高保障保险产品，探索开展产值保险、目标价格保险等试点。

# 第四章 农业生产关键性知识

## 第一节 土壤耕地的关键性知识

### 一、土壤的基本组成

土壤是由固体、液体和气体三相物质组成的疏松多孔体，固相物质包括土壤的矿物质、有机质和生活在土壤中的生物，占土壤总体积的50%左右；在固体物质之间存在着大小不同的孔隙，占据土壤总体积的另一半，孔隙里充满着空气和水分，两者互为消长，水多气少，水少则气多。

#### （一）土壤矿物质

土壤矿物质是土壤中所有固态无机物质的总和，它全部来源于岩石矿物的风化。按其来源和成因，可分为两类，即原生矿物和次生矿物。

1. 原生矿物

原生矿物是指岩石中原来就有的，在风化过程中，没有改变成分和结构，只是遭到机械破坏而遗留下来的矿物。如石英、长石、云母、角闪石、橄榄石等。土壤中的原生矿物主要存在于砂粒、粉砂粒等较粗的土粒中。

2. 次生矿物

次生矿物是指原生矿物在风化作用过程中，经过一系列地球化学变化后所形成的新矿物。土壤的黏粒主要是由次生矿物组成，因此也称黏粒矿物。

次生矿物大体可分为两大类：一类铝硅酸盐类黏粒矿物，主要有高岭石、蒙脱石、伊利石；另一类是氧化物黏粒矿物，主要包括水化程度不同的铁和铝的氧化物及硅的水化氧化物，如三水铝石、针铁矿、褐铁矿等。

**（二）土壤生物**

土壤中生活着各种各样的生物，有动物、植物和微生物。土壤动物种类繁多，如蚯蚓、蚂蚁和昆虫等；土壤植物主要指其地下部分，包括植物根系和地下块茎等；土壤微生物具有个体小、数量大、种类多的特点，其种类根据形态可分为细菌、放线菌、真菌和原生动物等；根据需氧状况可分为好气性、嫌（厌）气性和兼气性；根据营养特点可分为自养型和异养型。

一般来说，土壤生物量越大，土壤越肥沃。通常土壤中微生物的生物量显著高于动物的生物量，所以土壤中微生物发挥着更重要的作用。

**二、防治土壤盐碱化**

盐碱地降低土壤营养元素的含量。土壤出现盐碱化现象会造成所含有的碳酸根离子大量增加，进而造成土壤中的一些镁、铁以及铜等离子大量的沉积，土壤可直接利用的营养元素大量匮乏，同时盐碱地还会造成速效磷的含量降低，使磷的有效性随着降低；想要改良盐碱化的土壤需要从以下四个方面入手。

**（一）改良水利**

主要从灌溉、排水、放淤、种稻和防渗等几个关键管理入手。

**（二）改良农业措施**

平整土地、改良耕作、施客土、施肥、播种、轮作、间作、套种等方面进行操作，加强农业管理，尽量合理化种植。

**（三）生物改良**

种植耐盐碱的植物，或者是种植牧草、绿肥、造林，尽可能地增加土壤中的有机质含量，改善土壤的理化性质。

**（四）化学改良**

采用化学改良的方法，见效相对较快，但是并不是长久之计。化学改良主要采用施入石膏、磷石膏、亚硫酸钙等化学物质来进行改良。

这四种方法各有各的好处，而且每个地区的盐碱地情况也有各自的特点，所以具体如何操作，采用何种方式，要结合当地的耕作条件以及土壤盐碱化性质来进行。

## 三、设施园艺土壤的管理

**（一）设施栽培土壤的特性**

园艺设施如温室、塑料大棚，一般温度较高，空气湿度大，气体流动性差，光照较差；而作物种植茬次多，生长期长，故施肥量大，根系残留量也较多，因而使得土壤环境与露地土壤很不相同，影响设施栽培植物的生长生育。将保护地土壤的特性与自然土壤和露地耕作土壤比较，其主要有以下特性。

1. 次生盐渍化

由于温室是一个封闭（不通风）的或半封闭（通风时）的空间，自然降水受到阻隔，土壤受自然降水自上而下的淋溶作用几乎没有，使土壤中积累的盐分不能被淋洗到地下水中。

又由于室内温度高，作物生长旺盛，土壤水分自下而上的蒸发和作物蒸腾作用比露地强，根据"盐随水走"的规律，这也加速了土壤表层盐分的积聚。

此外，如果在施肥量超过植物吸收量时，肥料中的盐分在土壤中越聚越多，也会形成土壤的次生盐渍化。设施生产多在冬、春寒冷季节进行，土壤温度也比较低，施入的肥料不易分解和被作物吸收，也容易造成土壤内养分的残留。人们盲目认为施肥越多越好，往往采用加大施肥量的办法以弥补地温低、作物吸收能力弱的不足，结果适得其反。当其铵态氮浓度过高时为害最大。由于设施土壤培肥反应比露地明显，养分积累进程快，所以容易发生土壤次生盐渍化，且土壤养分也不平衡，一些生产年限较长的温室或大棚，因养分不平衡，土壤中 N、P 浓度过高，导致 K 相对不足，Zn、Ca、Mg 也缺乏，所以温室番茄"脐腐"果高达 70%~80%，果实风味差，病害也多，这与土壤浓度障碍导致自身免疫力下降有关。

2. 有毒气体增多

在设施农业土壤上栽培植物时，栽培者会向土壤中施用大量铵态氮肥，由于室内温度较高，很容易使铵态氮肥气化而形成 $NH_3$，$NH_3$ 浓度过高，会使植物茎叶枯死。在土壤内通气条件好时，氨于 1 周左右会氧化产生 $NO_2$，同时施入土壤中的硝态氮肥，如通气不良，也会被还原为 $NO_2$。$NO_2$ 含量过高，植物叶片将会中毒，出现叶肉漂白，影响植物的正常生长。一般的测定方法为：用 pH 试纸在棚顶的水珠上吸收，若试纸呈蓝色，说明设施内存在的气体为 $NH_3$；若试纸呈红色，则说明室内气体是 $NO_2$。此外，土壤中含有的硫和磷等物质在通气不良是会产生 $H_2S$、$PH_3$ 等有害气体，也会对植物产生毒害作用。

3. 高浓度 $CO_2$

微生物分解有机质的作用和植物根系的呼吸作用会使室内 $CO_2$ 显著提高，如其浓度过高，会影响室内 $CO_2$ 的相对含量。但是 $CO_2$ 可以提高土壤的温度，冬季也可为温室提高温度。$CO_2$ 也是植物光合作用的碳源，可以提高植物光合作用的产量。

4. 病虫害发生严重

在设施生产中，设施一旦建成，就很难移动，连作的现象十分普遍，年复一年的种植同一种植物。加之保护地环境相对封闭，温暖潮湿的小气候也为病虫繁殖、越冬提供了条件，使设施地内作物的土传病害十分严重，类别较多，发生频繁，为害严重，使得一些在露地栽培可以消灭的病虫害，在设施内难以绝迹，例如根际线虫，温室土壤内一旦发生就很难消灭，黄瓜枯萎病的病原菌孢子是在土壤中越冬的，设施土壤环境为其繁衍提供了理想条件，发生后也难以根治。过去在我国北方较少出现的植物病害，有时也在棚室内发生。

5. 土壤肥力下降

设施内作物栽培的种类比较单一，为了获得较高的经济效益，往往连续种植产值高的作物，而不注意轮作倒茬。久而久之，使土壤中的养分失去平衡，某些营养元素严重亏缺，而某些营养元素却因过剩而大量残留于土壤中，露地栽培轮作与休闲的机会多，上述问题不易出现。设施内土壤有机质矿化率高，N肥用量大，淋溶又少，所以残留量高。调查结果表明，使用3~5年的温室的表土的盐分可达200毫克/千克以上，严重的达1~2克/千克，已达盐分为害浓度低限（2~3克/千克）。设施内土壤全P的转化率比露地高2倍，对P的吸附和解吸量也明显高于露地，P大量富集（可达1 000毫克/千克以上）。最后导致K的含量相对不足，K失衡，这些都对作物生育不利。

由于保护地内不能引入大型的机械设备进行深耕翻，少耕、免耕法的措施又不到位。连年种植会导致土壤耕层变浅，发生板结现象，团粒结构破坏、含量降低，土壤的理化性质恶化，并且由于长期高温高湿，有机质转化速度加快，土壤的养分库存数量减少，供氮能力降低，最终使土壤肥力严重下降。

（二）设施土壤管理

设施土壤管理的首要问题是整地。整地一般要在充分施用有机肥的前提下，提早并连续进行翻耕、灌溉、耙地、起垄和镇压等各项作业，有条件的最好进行秋季深翻。整地作畦最好能做成"圆头形"，也就是畦或垄的中央略高，两边呈缓坡状而忌呈直角，这样有利于地膜覆盖栽培。畦或垄以南北方向延长为宜。当畦或垄做好后，不要随意踩踏。畦或垄的高度一般条件下为10~15厘米，过高影响灌水，不利于水分横向渗透。在较干旱的大面积地块中，应该在畦或垄分段打埂，以便降雨时蓄水保墒。整地时，土壤一定是细碎疏松，表里一致。畦或垄做好后要进行一二次轻度镇压，使表里平整，有利于土壤毛细管水和养分上升。

在保护地栽培条件下，可以通过以下几种方式对土壤进行改良和培肥。

1. 改善耕作制度

换土、轮作和基质栽培是解决土壤次生盐渍化的有效措施之一，但是劳动强度大不易被接受，只适合小面积应用。轮作或休闲也可以减轻土壤的次生盐渍化程度，达到改良土壤的目的，如蔬菜保护设施连续施用几年以后，种一季露地蔬菜或一茬水稻，对恢复地力、减少生理病害和病菌引起的病害都有显著作用。

当设施内的土壤障碍发生严重，或者土传病害泛滥成灾，常规方法难以解决时，可采用基质栽培技术，使得土壤栽培存在的问题得到解决。

2. 改良土壤理化性质

连年种植导致土壤耕层变浅，发生板结现象，团粒结构被破坏，可通过土壤改良提高理化性质，主要有以下几种方法。

（1）植株收获后，深翻土壤，把下层含盐较少的土翻到上层与表土充分混匀。

（2）适当增施腐熟的有机肥，以增加土壤有机质的含量，增强土壤通透性，改善土壤理化性状，增强土壤养分的缓冲能力，延缓土壤酸化或盐渍化过程。

（3）对于表层土含盐量过高或 pH 值过低的土壤，可用肥沃土来替换。

（4）经济技术条件许可者可开展无土栽培、基质栽培。

3. 以水排盐

合理灌溉降低土壤水分蒸发量，有利于防止土壤表层盐分积聚。设施栽培土壤出现次生盐渍化并不是整个土体的盐分含量高，而是土壤表层的盐分含量超出了作物生长的适宜范围。土壤水分的上升运动和通过表层蒸发是使土壤盐分积聚在土壤表层的主要原因。灌溉的方式和质量是影响土壤水分蒸发的主要因素，漫灌和沟灌都将加速土壤水分的蒸发，易使土壤盐分表层积聚。滴灌和渗灌是最经济的灌溉方式，同时又可防止土壤下层盐分向表层积聚，是较好的灌溉措施。近几年，有的地区采用膜下滴灌的办法代替漫灌和沟灌，对防治土壤次生盐渍化起到了很好的作用。闲茬时，浇大水，使表层积聚的盐分下淋以降低土壤溶液浓度。或夏季换茬空隙，撤膜淋雨或大水浸灌，使土壤表层盐分随雨水流失或淋溶到土壤深层。

4. 科学施肥

平衡施肥减少土壤中的盐分积累，是防止设施土壤次生盐渍化的有效途径。过量施肥是蔬菜设施土壤盐分的主要来源。目前我国在设施栽培尤其是蔬菜栽培上盲目施肥现象非常严重，化肥的施用量一般都超过蔬菜需要量的 1 倍以上，大量的剩余养分和副成分积累在土壤中，使土壤溶液的盐分浓度逐年升高，土壤发生次生盐渍化，引起生理病害。要解决此问题，必须根据土壤的供肥能力和作物的需肥规律，进行平衡施肥。

配方施肥是设施园艺生产的关键技术之一，我国园艺作物配方施肥技术研究要远远落后于大田作物，设施栽培中，花卉与果树配方施肥更少有研究，设施配方施肥技术研究正处于起步阶段，一些用于配方施肥的技术参数还很缺乏。

增施有机肥，施用秸秆能降低土壤盐分含量。设施内宜施用有机肥，因为其肥效缓慢，腐熟的有机肥不易引起盐类浓度上升，还可改进土壤的理化性状，使其疏松透气，提高含氧量，对作物根系有利。设施内土壤的次生盐渍化与一般土壤盐渍化的主要区别在于盐分组成，设施内土壤次生盐渍化的盐分是以硝态氮为主，硝态氮占到阴离子总量的 50% 以上，因此降低设施土壤硝态氮含量是改良次生盐渍化土壤的关键。

施用作物秸秆是改良土壤次生盐渍化的有效措施，除豆科作物的秸秆外，其他禾本科作物秸秆的碳氮比都较大，施入土壤以后，在被微生物分解过程中，其能争夺土壤中的氮素。据研究，1 克没有腐熟的稻草可以固定 12～22 毫克无机氮。在土壤次生盐渍化不太重的土壤上，每亩施用 300～500 千克稻草较为适宜。在施用以前，先把稻草切碎，长度一般应小于 3 厘米。施用时要均匀地翻入土壤耕层。也可以施用玉米秸秆，施用方法与稻草相同。施用秸秆不仅可以防止土壤次生盐渍化，而且还能平衡土壤养分，增加土壤有机质含量，促进土壤微生物活动，降低病原菌的数量，减少病害。

根据土壤养分状况、肥料种类及植物需肥特性，确定合理的施肥量和施肥方式，做到配方施肥。控制化肥的施用量，以施用有机肥为主，合理配施氮、磷、钾肥。化学肥料做基肥时要深施并与有机肥混合施用，作追肥要"少量多次"，以缓解土壤中的盐分积累。也可以抽出一部分无机肥进行叶面喷施，既不会增加土壤中盐分含量，又经济合算。

5. 定期进行土壤消毒

土壤中有病原菌、害虫等有害生物和微生物，也有硝酸细菌、亚硝酸细菌和固氮菌等有益生物。正常情况下这些微生物在土壤中保持一定的平衡，但连作时，由于作物根系分泌物质的不同或病株的残留，引起土壤中生物条件的变化打破了平衡状况，造成连作的为害。因设施栽培有一定空间范围，为消灭病原菌和害虫等有害生物，可以进行土壤消毒。

（1）药剂消毒根据药剂的性质，有的需灌入土壤中，也有的洒在土壤表面。使用时应注意药品的特性，兹举几种常用药剂为例加以说明。

①甲醛（40%）：甲醛用于温室或温床床土消毒，可消灭土壤中的病原菌，同时也杀死有益微生物，施用浓度为50~100倍。使用时先将温室或温床内土壤翻松，然后用喷雾器均匀喷洒在地面上再稍翻一翻，使耕作层土壤都能沾着药液，并用塑料薄膜覆盖地面保持2天，使甲醛充分发挥杀菌作用以后揭膜，打开门窗，使甲醛散发出去，两周后才能使用。

②硫黄粉：硫黄粉用于温室及苗床土壤消毒，可消灭白粉病菌和红蜘蛛等。一般在播种后或定植前2~3天进行熏蒸，熏蒸时要关闭门窗，熏蒸一昼夜即可。

③氯化苦：氯化苦主要用于防治土壤中的线虫。将苗床土壤堆成高30厘米的长条，宽由覆盖薄膜的幅度而定，每30厘米注入药剂3~5毫升至地面下10厘米处，之后用薄膜覆盖7天（夏）或10天（冬），以后将薄膜打开放风10天（夏）或30天（冬），待没有刺激性气味后再使用。本药剂施用后也同时杀死硝化细菌，抑制氨的硝化作用，但在短时间内即能恢复。该药剂对人体有毒，使用时要开窗，使用后密封门窗保持室内高温，能提高药效，缩短消毒时间。

上述三种药剂在使用时都需提高室内温度，土壤温度达到15~20℃，10℃以下不易气化，效果较差。采用药剂消毒时，可使用土壤消毒机，土壤消毒机可使液体药剂直接注入土壤到达一定深度，并使其汽化和扩散。面积较大时需采用动力式消毒机，按照其运作方式有犁式、凿刀式、旋转式和注入棒式四种类型。其中凿刀式消毒机是悬挂到轮式拖拉机上牵引作业的。作业时凿刀插入土壤并向前移动，在凿刀后部有药液注入管将药液注入土壤之中，而后以压土封板镇压覆盖。与线状注入药液的机械不同，注入棒式土壤消毒机利用回转运动使注入棒上下运转，以点状方式注入药液。

（2）高温法消毒。

①蒸汽消毒：蒸汽消毒是土壤热处理消毒中最有效的方法，它是以消灭土壤中有害微生物为目的。大多数土壤病原菌用60℃蒸汽消毒30分钟即可杀死。但对于 TMV（烟草花叶病毒）等病毒，其需要90℃蒸汽消毒10分钟。多数杂草种子需要80℃左右的蒸汽消毒10分钟才能杀死。土壤中除病原菌之外，还存在很多氨化细菌和硝化细菌等有益微生物，若消毒方法不当，也会引起作物生育障碍，必须掌握好消毒时间和温度。

蒸汽消毒的优点是：无药剂的毒害；不用移动土壤，消毒时间短、省工；通气能形成团粒结构，提高土壤通气性、保水性和保肥性；能使土壤中不溶态养分变为可溶态，促进有机物的分解；能与加温锅炉兼用；消毒降温后即可栽培作物。

土壤蒸汽消毒一般使用内燃式炉筒烟管式锅炉。燃烧室燃烧后的气体从炉筒经烟管从烟囱排出。在此期间传热面上受加热的水在蒸汽室汽化，饱和蒸汽进一步由燃烧气体加热。为了保证锅炉的安全运行，应以最大蒸发量要求设置给水装置，蒸汽压力超过设定值时安全阀打开，安全装置起作用。

在土壤或基质消毒之前，需将待消毒的土壤或基质疏松好，用帆布或耐高温的厚塑料布覆盖在待消毒的土壤或基质表面上，四周要密封，并将高温蒸汽输送管放置到覆盖物之下。每次消毒的面积与消毒机锅炉的能力有关，要达到较好的消毒效果，每平方米土壤每小时需要50千克的高温蒸汽。目前也有几种规格的消毒机，因有过热蒸汽发生装置，每平方米土壤每小时只需要45千克的高温蒸汽就可达到预期效果。根据消毒深度的不同，每次消毒时间的要求也不同。

②高温闷棚：在高温季节，灌水后关好棚室的门窗，进行高温闷棚杀虫灭菌。

③冷冻法消毒：把不能利用的保护地撤膜后深翻土壤，利用冬季严寒冻死病虫卵。

6. 种耐盐作物

种植田菁、沙打旺或玉米等吸盐能力较强的植物，把盐分集中到植物体内，然后将这些植物收走，可降低土壤中的盐害。蔬菜收获后种植吸肥力强的玉米、高粱、甘蔗和南瓜等作物，能有效降低土壤盐分含量和酸性，若土壤有积盐现象或酸性强，可选择耐盐力强的蔬菜如菠菜、芹菜、茄子、莴苣等或耐酸力较强的油菜、空心菜、芋头、芹菜，达到吸取土壤盐分、提高土壤 pH 值的目的。

# 第二节　水、肥、农药的关键性知识

## 一、肥料经营的基础知识

### (一) 肥料发展的历史

肥料的一般性概念是指以提供植物养分为其主要功效的物料，是可以向作物提供养分或改善作物生长环境的一些物质，作物直接吸收的养分是无机形态，即矿物质养分，作物不能直接吸收和利用有机物质。

肥料包括有机肥料和无机肥料。有机肥料一般是由动物、植物的残体或排泄物经过发酵而成；无机肥料也称化学肥料，主要是指由矿物质工业化生产的肥料，也就是通常所说的化肥。

我国既是有机肥料的使用大国，也是无机肥料的使用大国。我国还是世界上的化肥生产大国，年度产量和消费量均居世界首位。据 2007 年不完全统计，我国年度化肥表观消费量为（4 350~4 450）万吨（折纯量），合实物量 1 亿吨左右，合 2 000 多亿元人民币，占世界化肥消费总量的 28% 左右，而生产量占世界化肥生产量的 25%左右。目前，除钾肥之外，国内企业生产的肥料总量和品种基本能够满足国内需求，并且开始出口，这标志着我国从历史上的一个纯化肥进口国转变成为既有进口（钾肥）又有出口（氮肥、磷肥）的国家。

我国年消费有机肥料约为 20 亿吨（实物量），也是世界第一消费大国。世界化肥增长的速度很快，每 10 年生产量和消费量就会翻一番。20 世纪 50—80 年代是迅速发展的时期。进入 21 世纪后，世界化肥的年消费量已达到 13 000 万吨（折纯量）左右。

### （二）化肥商品学的基本概念

凡是在农业生产中施入土壤，能够提高土壤肥力，或用以处理作物种子及茎叶，供给作物养分，能增加作物产量和改进作物品质的一切物质都叫作肥料。在工厂中用化学方法合成或简单处理矿产品而制成的肥料叫作化肥。它包括氮肥、磷肥、钾肥、复合肥、微肥和其他矿质化学肥料。

目前，我国工业生产的化肥都属于商品范围。此外，菌肥、腐殖酸类肥料的某些品种也有作为商品出售的，而堆肥、厩肥、绿肥、海杂肥均属于农家肥，都是农民群众自产自用，不属于商品范围。

化肥商品学是以化肥商品质量为中心内容来研究化肥商品使用价值的一门学科。商品的质量是指商品在一定的使用条件下，适用于其用途所需要的各种特性的综合。也就是说，化肥商品有其用途、使用条件和使用方法，与此相关的属性，综合构成了这一商品的质量。

### （三）化肥商品的特点

当前世界各种化肥商品品种繁多，规格各异，为了减少商品的流通时间和费用，从生产领域进入消费领域，充分发挥它的作用，就必须认识和掌握它的特点。化肥商品同农家肥料相比，具备以下特点。

1. 有效成分含量高

化学肥料和农家肥料不同，成分纯，有效成分含量高。化肥中的有效成分，是以其中所含的有效元素或这种元素氧化物的重量百分比来表示的，如氮肥是以所含氮元素的重量百分比来表示的；磷肥是以所含 $P_2O_5$ 的重量百分比来表示。尿素含 N 量为46%，1 千克尿素相当于人粪尿 70~80 千克。

2. 有酸碱反应

化肥有化学和生理酸碱反应之分。化学酸碱反应是指由肥料本身的化学性质引起的酸碱变化，如碳酸氢铵化学性质呈碱性反应，称为化学碱性肥料；过磷酸钙呈酸性反应，则称化学酸性肥料。生理酸碱反应是指施入土壤中的化肥经作物选择吸收后，剩余部分在土壤中导致的酸碱反应，如硫酸铵，$NH_4^+$ 被植物吸收利用后，残留的 $SO_4^{2-}$ 导致生长介质酸度提高，这种肥料就称为生理酸性肥料。

3. 肥效发挥快

除少数矿物质化肥（如钙镁磷肥、磷矿粉等），难溶于水外，大多数化肥易溶于水，施到土壤里或进行根外追肥，能够很快被作物吸收利用，肥效快而显著。

4. 便于储运与施用

固体化肥一般为粉状或颗粒状，体积小而疏，便于运输、保管和机械化施肥，即使是液体化肥，只要安排合理的商品流向，选择合适的运输工具，采用较好的储存容器和施用器械，也是便于储运和施用的。相反，农家肥料，无一定形状、规格，一般使用量大，成分也较复杂，除含水分外，还含有秸秆、杂草、炕土、垃圾和各种废弃物，因而储运和施用都不方便。

5. 养分单一

化肥的养分不如有机肥料齐全。

6. 用途广泛

有些化肥不仅能够供给作物需要的营养元素，而且还有杀虫防病等其他功能，如氨水对蛴螬、蝼蛄等害虫有驱避和杀伤作用。

但化学肥料也有不及农家肥的地方。首先，单独施用某种化肥过多过久，会改变土壤合适的酸碱度，破坏土壤的团粒结构。农家肥不仅所含的养分齐全，而且还含有丰富的有机质，可以增加土壤中的腐殖质，使土壤疏松和团粒化，提高土壤吸水保肥能力。其次，大多数化肥的适用对象有选择，如氯化铵不适用于烟草、甘蔗、甜菜等忌氯作物。而农家肥料则适用于任何作物和土壤。其三，化肥（除复合肥料外）养分单一，多数肥效不持久。而农家肥料养分齐全，肥效长，所含的多种营养元素和其他物质，在土壤微生物的分解作用下，能够较长时间内供给作物需要的养分。

正因为化学肥料和农家肥料各有优点和缺点，如果互相配合施用，就能取长补短，相得益彰。因此，今后在大力发展化学肥料生产的同时，还必须积极利用农家肥料，并不断地改进堆制方法和施用技术。

**（四）化肥商品的分类**

不同的分类方法，化肥的分类也不同，现将几种分类方法分别介绍如下。

1. 按肥料所含的营养元素分类

（1）氮肥。根据氮素存在的形态不同，可分为以下几种。

①铵态氮肥：氮素以铵离子（$NH_4^+$）形态存在，如碳酸氢铵、氯化铵等。

②硝态氮肥：氮素以硝酸根离子（$NO_3^-$）形态存在，如硝酸钠等。

③铵态—硝态氮肥：氮素以铵离子和硝酸根离子形态存在，

如硝酸铵等。

④酰胺态氮肥：氮素以酰胺基形态存在，如尿素等。

⑤氰氨态氮肥：氮素以氰氨基（N≡C−N=）形态存在，如石灰氮等。

（2）磷肥。根据磷素在水中的溶解度不同，可分为：水溶性磷肥，如过磷酸钙等；枸溶性磷肥，如钙镁磷肥等；难溶性磷肥，如磷矿粉等。

根据生产方法的不同，可分为：酸法生产磷肥，如过磷酸钙等；热法生产磷肥，如脱氟磷肥、钙镁磷肥等；机械加工磷肥，如磷矿粉等。

（3）钾肥。目前常用的有氯化钾、硫酸钾、硝酸钾和窑灰钾肥等。

（4）复合肥料。按所含营养元素种类多少，可分为：二元复合肥，即含有两种营养元素的化肥，如磷酸钾、硝酸钾等；三元复合肥，即含有三种营养元素的化肥，如硝磷钾、铵磷钾等；多元复合肥，即含有三种以上营养元素的化肥。

按生产方式的不同，又可分为：合成复合肥，如硝酸磷肥等；混成复合肥，如氮钾混合肥，尿素—钾—磷混合肥等。

（5）微量元素肥料。一般常用的有硼肥、钼肥、铜肥和锌肥等。

2. 按肥料对作物生长起作用的方式分类

（1）直接肥料。直接肥料是指主要通过供应养分来促进作物生长发育的肥料。包括氮肥、磷肥、钾肥、复合肥和微量元素肥料等。

（2）间接肥料。间接肥料是指主要通过调节土壤酸碱度和改善土壤结构来促进作物生长发育的肥料。主要有石灰、石膏等。

3. 按肥料的化学性质分类

（1）酸性肥料。酸性肥料可分为化学酸性肥料和生理酸性肥料两类。化学酸性肥料，是指本身呈酸性反应的肥料，如过磷酸钙等；生理酸性肥料，是指作物通过选择性吸收一些离子之后，产生了酸，使土壤呈酸性反应的肥料，如氯化铵等。

（2）碱性肥料。碱性肥料可分为化学碱性肥料和生理碱性肥料两类。化学碱性肥料，是指本身呈碱性反应的肥料，如氨水等；生理碱性肥料，是指通过选择性吸收一些离子之后，能使土壤呈碱性反应的肥料，如硝酸钠等。

（3）中性肥料。中性肥料指既不是酸性，也不是碱性，施用后不会造成土壤发生酸性或碱性变化的肥料，如尿素等。

4. 按化肥的效力快慢分类

（1）速效肥料。如氮肥（石灰氮除外）、钾肥和磷肥中的过磷酸钙等。

（2）迟效肥料。如钙镁磷肥、磷矿粉等。

5. 其他分类

按肥料中有效成分含量的高低分为高效肥料和低效肥料。按化肥的物理状态的不同，分为固体化肥、液体化肥等。

**（五）化肥商品的质量标准**

1. 化肥商品质量标准的概念

化肥商品质量标准，是对于化肥商品的质量和有关质量的各方面（品种、规格、检验方法等）所规定的衡量准则，是化肥商品学研究的重要内容之一。

2. 化肥质量标准的基本内容

我国化肥商品质量标准通常是由下列几部分组成。

（1）说明质量标准所适用的对象。

（2）规定商品的质量指标和各级商品的具体要求。化肥商品质量标准和对各类各级商品的具体要求，是商品标准的中心内容，是工业生产部门保证完成质量指标和商业部门做好商品采购、验收和供应工作的依据。掌握这些标准和要求，可以有效防止质量不合格的商品进入市场。化肥商品质量指标有以下几点具体内容。

①外形：品质好的化学肥料，如氮肥多为白色或浅色，松散、整齐的结晶或细粉末状，不结块，其颗粒大小因品种性质而异。

②有效成分含量：凡三要素含量（接近理论值）愈高，品质愈好。通常氮素化肥以含氮（N）量计算；氨水则以含（$NH_3$）计算；磷肥则以含五氧化二磷（$P_2O_5$）计算；钾肥以含氧化钾（$K_2O$）计算。均以百分数来表示。

③游离酸：游离酸含量越少越好，应尽可能减少到最低限度。

④水分：化肥中含水越少越好。

⑤杂质：杂质必须严格控制，因杂质的存在，不仅降低有效成分，而且施用后易造成植物毒害。

对于各级化肥商品的具体要求，应当以一般生产水平为基础，以先进水平为方向。既不宜过高，也不宜过低。过高使生产企业难以完成生产任务，过低则阻碍先进生产技术的发展。

（3）规定取样办法和检验方法。化肥商品质量标准所规定取样办法的内容是：每批商品应抽检的百分率；取样的方法和数量；取样的用具；样品在检验前的处理和保存方法。

检验方法是对于检验每项指标所作的具体规定。其内容包括：每一项指标的含义；检验所用的仪器种类和规格；检验所用试剂的种类、规格和配制方法；检验的操作程序，注意事项和操作方法；检验结果的计算和数据等。

（4）规定化肥商品的包装和标志及保管和运输条件。在化肥商品质量标准中，对于化肥商品的包装和标志都有明确的规定，如包装的种类、形态和规格；包装的方法；每一包装内商品的重量；商品包装上的标志（品名、牌号、厂名、制造日期、重量等）。

关于运输和保管，在化肥商品标准中也都规定了重点要求，如湿度、温度、搬运和堆存方法、检查制度、保存期限等，以防止商品质量发生变化。

3. 化肥商品质量标准的分级

化肥商品质量标准依其适用范围，分为国家标准、部颁标准（专业标准）、企业标准三级。该三级标准制定的原则：部颁标准不得与国家标准相抵触；企业标准不得与国家标准和部颁标准相抵触。企业标准在很多情况下，它的某些指标可以超过国家标准和部颁标准，而使其产品具有独特的质量特点。

### （六）肥料与农业生产

肥料对农业生产的贡献，也可以简单地理解为：如果不使用肥料，粮食的产量有可能减少将近一半左右，肥料对农业生产的意义是举足轻重的，因此，肥料被称为"粮食中的粮食"。肥料是农业生产的基础，是重要的农业生产资料。

肥料对农业生产的影响主要包括以下几个方面。

（1）肥料的产量对农业生产的影响，肥料的充足供应是农业生产的基本保证，因此，有计划地安排肥料生产是国家农业宏观经济调控的一项主要内容。

（2）肥料的质量对农业生产的影响，低质量的肥料会造成农作物的产量降低和土壤结构的破坏。

（3）肥料对农产品的质量和品质的影响，科学施用肥料可以提高农作物的品质，提高农产品的销售价格，如钾肥的合理使用，中量、微量元素肥料的合理使用，可以使农作物果实的口感更好并可延长储存时间。

（4）合理施肥与否会对农业生产的效益产生影响，不合理使用肥料，如肥料品种选择得不正确或者过量施肥，不但增加了农民的投入，还会使农产品的产量和商品价值下降，进而影响农民的收入。

（5）农民的施肥技术会对肥效产生影响，如粗放的施肥方式（撒施、施肥深度和位置不正确，无水条件施肥，错过合理施肥时间等）会影响肥料的利用率，进而影响作物的产量和品质，影响农民的种植性收益。

所以，化肥供应的数量、价格以及品种对农业生产的稳定性起着至关重要的作用，直接影响农产品的产量和品质以及农民的经济效益和收入，进而影响国家粮食战略的安全。

**（七）肥料市场的基本特征**

1. 大市场

（1）肥料是大市场，是全国性的市场，只要有农业种植业生产的地方，就会有肥料市场。

（2）化肥是总量增长中的市场，每年以 5% ~ 10% 的比例增长。

（3）肥料工业不是夕阳工业，需要更加细致的市场工作。目前农民的施肥技术水平还很低，需要科学指导，科学施肥的发展是肥料市场发展的基础。

（4）化学肥料产品需要更新换代，无机肥料的工业化发展是未来肥料工业发展的新亮点。

（5）肥料工业的发展具有良好的社会基础，国家将持续大力扶持农业发展，目前我国农业发展的潜力非常大，农业产业化发展前景无限。

2. 大流通

（1）肥料大流通是由客观因素造成的，如资源分布不平衡、淡旺季不平衡、生产企业布局与消费区域不平衡。

（2）这种流通以铁路运输为主，公路、海路运输为辅。

（3）这种流通局面未来还要持续下去，但是布局有所改变，比如主要原料产品（原料加工生产企业）向资源地区集中，二次肥料加工企业向消费区域集中。

3. 区域竞争

（1）农业种植发达地区和肥料需求规模较大的区域将是竞争的主要目标，生产企业和大型流通企业将集中力量努力扩大和占有市场份额。

（2）这些区域的差异化趋势越来越明显，如国家倡导的小流域经济建设开发、区域特色农业种植以及产业化发展，山东的寿光蔬菜、烟台苹果、济宁大蒜、安丘大姜、章丘大葱等种植区域已经形成。

（3）区域竞争带来营销的创新、产品的创新和服务的创新，进而影响肥料行业的健康发展。

4. 区域垄断

（1）名牌产品将努力形成区域垄断，如国内名牌产品力求在区域形成稳定销量、稳定网络和稳定的消费群。

（2）区域内部营销网络竞争整合阶段过后，网络格局和新的垄断将形成，混乱局面将有所改变。

（3）这种垄断是新形式的、多元化的结构，更加具有竞争力，将主导市场的发展方向。

5. 模式营销

（1）肥料营销的竞争已经开始，产品产能过剩的局面已经形成。

（2）肥料营销学习其他行业的营销，引进学科知识，竞争趋向知识化。

（3）模式营销将综合行业特点，成为开发市场的有效方式。

（4）肥料营销的模式化正在探索中。

6. 终端促销

（1）竞争的结果是营销的重心下移，企业行为越来越贴近消费者。

（2）终端促销目前仍然以零售商为中心，因此，零售商将成为促销的重点。

（3）通过零售商的促销，产品将越来越细化，逐步满足消费者的不同需求。

## 二、水肥一体化

水肥一体化技术，指灌溉与施肥融为一体的农业新技术。水肥一体化是借助压力系统（或地形自然落差），将可溶性固体或液体肥料，按土壤养分含量和作物种类的需肥规律和特点，配兑成的肥液与灌溉水一起，通过可控管道系统供水、供肥，使水肥相融后，通过管道和滴头形成滴灌，均匀、定时、定量浸润作物根系发育生长区域，使主要根系土壤始终保持疏松和适宜的含水量；同时根据不同的作物的需肥特点、土壤环境和养分含量状况、作物不同生长期需水、需肥规律情况进行不同生育期的需求设计，把水分、养分定时定量，按比例直接提供给作物。

水肥一体化是一项综合技术，涉及农田灌溉、作物栽培和土壤耕作等多方面，其主要技术要领须注意以下四个方面。

### 1. 滴灌系统

在设计方面，要根据地形、田块、单元、土壤质地、作物种植方式、水源特点等基本情况，设计管道系统的埋设深度、长度、灌区面积等。水肥一体化的灌水方式可采用管道灌溉、喷灌、微喷灌、泵加压滴灌、重力滴灌、渗灌、小管出流等。特别忌用大水漫灌，这容易造成氮素损失，同时也降低水分利用率。

### 2. 施肥系统

在田间要设计为定量施肥，包括蓄水池和混肥池的位置、容量、出口、施肥管道、分配器阀门、水泵肥泵等。

3. 选择适宜肥料种类

可选液态或固态肥料，如氨水、尿素、硫铵、硝铵、磷酸一铵、磷酸二铵、氯化钾、硫酸钾、硝酸钾、硝酸钙、硫酸镁等肥料；固态以粉状或小块状为首选，要求水溶性强，含杂质少，一般不应该用颗粒状复合肥（包括中外产品）；如果用沼液或腐殖酸液肥，必须经过过滤，以免堵塞管道。

4. 灌溉施肥的操作

（1）肥料溶解与混匀。施用液态肥料时不需要搅动或混合，一般固态肥料需要与水混合搅拌成液肥，必要时分离，避免出现沉淀等问题。

（2）施肥量控制。施肥时要掌握剂量，注入肥液的适宜浓度大约为灌溉流量的 0.1%。例如灌溉流量为 50 立方米/亩，注入肥液大约为 50 升/亩；过量施用可能会使作物致死以及环境污染。

（3）灌溉施肥的程序分 3 个阶段。第一阶段，选用不含肥的水湿润；第二阶段，施用肥料溶液灌溉；第三阶段，用不含肥的水清洗灌溉系统。

### 三、秸秆循环利用

我国农村地区秸秆焚烧问题由来已久，秸秆焚烧给人们的生活和经济的正常运行带来了严重的困扰，已经成为社会的一大顽疾。针对各地频频发生的秸秆焚烧现象，政府出台禁烧措施，但收效甚微。究其原因，秸秆焚烧现象和我国农村地区能源选择变化有明显的关系，以前农村地区收入水平普遍较低，农户家庭生活用能以秸秆等生物质能源为主，改革开放以后，尤其到了 20 世纪 90 年代，随着市场经济的推进和农村居民收入的提高，农村居民在家庭生活用能方面有了更多的选择，由于商品性能源具有更高的热效率、更健康、便捷，商品性能远正在逐步取代传统生物质能源而成为家庭生活用能的主角，这样大量的秸秆从农村家庭用能中溢出，加之秸秆出路不畅，造成了秸秆资源的巨大浪费，大量的秸秆被焚烧、弃置。

1. 机械化秸秆还田

秸秆还田的方法有两种：一种是用机械将秸秆打碎，耕作时深翻严埋，利用土壤中的微生物将秸秆腐化分解。另一种秸秆回田的有效方法是将秸秆粉碎后，掺进适量石灰和人畜粪便，让其发酵，在半氧化半还原的环境里变质腐烂，再取出肥田使用。

2. 过腹还田

过腹还田是将秸秆通过青贮、微贮、氨化、热喷等技术处理，可有效改变秸秆的组织结构，使秸秆成为易于家畜消化、口感性好的优质饲料。

3. 培育食用菌

将秸秆粉碎后，与其他配料科学配比作食用菌栽培基料，可培育木耳、蘑菇、银耳等食用菌，能有效地解决近几年食用菌生产迅猛发展与棉籽壳供应不足的矛盾。育菌后的基料经处理后，仍可作为家畜饲料或作肥料还田。

4. 制取沼气

稻草秸秆等属于有机物质，是制取沼气的好材料。我国的北方、南方都能利用，尤其是南方地区，气温高，利用沼气的季节长。制取沼气可采用厌氧发酵的方法。此方法是将种植业、养殖业和沼气池有机结合起来，利用秸秆产生的沼气进行做饭和照明，沼渣喂猪，猪粪和沼液作为肥料还田。此种方式是生态农业良性循环的良好模式，它适应了现代化农村发展的需求，受到农民群众的热烈欢迎。

5. 用作工业原料

农作物秸秆中均包含纤维素、半纤维素和木质素，其中，纤维素可用作造纸的原料，还可以用作压制纤维木材，能弥补木材资源的不足，减少木材的砍伐量，提高森林覆盖率，使生态环境向良性发展；半纤维素可以制取木糖、糠醛等基础化工产品，并可进一步加氢生产木糖醇、糠醇等产品。木糖醇广泛应用于食品工业，是糖尿病人的福音，糠醇是一种树脂的主要原料，在铸造、防腐等行业有大量应用。

6. 用于生物质发电

秸秆中含有大量的木质素，其低位发热值较高，既可以秸秆直接焚烧或者将秸秆同垃圾等混合焚烧发电，还可以气化发电。秸秆是一种很好的清洁可再生能源，每两吨秸秆的热值就相当于 1 吨标准煤，而且其平均含硫量只有 3.8‰，而煤的平均含硫量约达 1%生物质的再生利用过程中，排放的 $CO_2$ 与生物质再生时吸收的 $CO_2$ 达到碳平衡，具有 $CO_2$ 零排放的作用，对缓解和最终解决温室效应问题将具有重要贡献。

## 四、处理规模养殖畜禽粪便问题

目前我国规模化养殖业发展趋于稳定，但大量畜禽、粪污直接或经过简易处理后排放也已经成为引起农业生态环境恶化的一个主要原因，同时也成为养殖业可持续发展的障碍。因此对畜禽粪便进行无害化处理和资源化利用，防止和消除养殖场畜禽粪污的污染，对于保护生态环境、推动农业可持续发展具有十分重要的意义。

畜禽粪污资源化利用是指在畜禽粪污处理过程中，通过厌氧发酵生产沼气、堆肥、沤肥、沼肥、肥水、垫料、基质等方式进行合理利用。

粪污资源化利用主要技术包括污水处理和固粪两方面。

### （一）污水

液体或全量粪污一般采用厌氧发酵的方式进行处理利用。

采用完全混合式厌氧反应器（CSTR）、上流式厌氧污泥床反应器（UASB）等处理的，配套调节池、厌氧发酵罐、固液分离机、贮气设施、沼渣沼液储存池等设施设备，相关建设要求依据《沼气工程技术规范》（NY/T 1220）执行。利用沼气发电或提纯生物天然气的，根据需要配套沼气发电和沼气提纯等设施设备。

## （二）固粪

固体粪污一般采用好氧发酵的方式进行有机肥料利用。

目前好氧堆肥制作有机肥方法运用得较多，但普遍存在有机肥销售市场空间不够，制作有机肥的设备、固定资产投资长时间不能收回的问题。高温好氧发酵堆肥法是处理各种有机废弃物的有效方法，是一种集处理和资源循环再生利用于一体的生物方法。

通过有目的的降解作用，把有机物转化为腐殖质的生物化学处理技术，从而达到原料的无害化和资源化。这种处理粪便的方法优点是臭气少、最终产物较干燥，容易包装、撒施，而且有利于农作物的生长。堆肥、沤肥、沼肥、肥水等还田利用的，依据畜禽养殖粪污土地承载力测算技术指南合理确定配套农田面积，并按《畜禽粪便还田技术规范》（GB/T 25246）、《沼肥施用技术规范》（NY/T 2065）执行。

## 五、做到农药减量施用

农业生产中过程中使用农药，对于控制病虫害具有重要意义。但也存在用药过量使用的问题，造成土壤和环境污染，还会导病虫害产生抗药性，加速生物的变异，甚至会变异出无天敌的新型生物，严重威胁农业生产活动的进行。因此在农业生产中加快农药减量措施的实施。

### （一）落实农药减量相关政策

在落实农药减量的过程中，充分利用相关政策，推动农药的减量化，同时降低农产品中的农药残留，降低对生态环境的污染，保证农产品的质量安全。应该全面对现有的污染情况进行治理，具体需要培育一批农业面源污染治理龙头企业，从而加快农药减量使用的进程；充分利用国家的支持政策，积极推动农业生产的质量生长，从而加快发展优质、高效、绿色、健康的现代化农业。

### （二）完善病虫害预警机制

在农药使用过程中，由于农民对病虫害的认识不到位，导致出现滥用农药的情况，这些都是导致农业耕地中农药含量过高，影响产品质量的主要原因。因此要结合现有的科技部门，通过对环境监测，提高对病虫害防治的重视程度，做到科学预防病虫害，采取更加针对性的措施，提高农药使用效率。

### （三）促进新型农业经营主体的绿色发展

农业经营主体指的是农产品的生产者，具体包括果园、农场以及农业生产基地，在这些机构成立和管理的过程中，相关部门应该加强监管，通过适度的规模化经营，提高标准化施药水平。由于农村劳动力的转移导致农业生产的技术人才非常紧缺。针对这种情况，政府应该加强对农业生产的扶持力度。还应该鼓励青壮年从事农业生产，并通过技术培训，做到科学务农，并为年轻人提供农产品创业的机会，将更多的人才运用到农业生产活动中，提高科学生产水平，避免农药不合理使用。

### （四）合理应用生物技术

传统的农药是通过喷洒药物杀虫抗病，但是对农作物及其生长环境的破坏却是更多，而且农药残留到农作物中破坏了农作物的生长，进而直接影响人们身体的健康。因此，为了避免这些问题严重化，生物农药技术被研发出来，在农业种植中的成效颇高，其主要是利用生物新陈代谢的产物防治农作物的抗病虫害，这种生物农药化学成分少，不会伤害农作物的生长及生长环境，也不会影响人们的身体健康。

## 六、选择施药机械

在考虑购买、装备和使用施药机械时，应综合考虑防治规模、防治场所、防治方法、作物种类等多方面因素。一是在作业场所不方便、面积小的地方，可选择手动喷雾器。二是在较大面积（如合作社、园艺场等）喷洒（撒）农药时，宜选用单人操作的背负式机动喷雾喷粉机，或者多人配合操作的喷射式动力喷雾机。三是在大面积喷洒（撒）农药，且种植作物单一、标准化生产程度高的地区，可适当选用喷杆喷雾喷粉机。

## 七、专业化统防统治好处

专业化统防统治是指由植保专业服务组织，采用机械装备，进行大规模病虫害防治的方法。实现由一家一户分散防治向规模化的统一防治转变，不断提高病虫防治的效率、效益。

其四大优势：一是有效解决劳力短缺问题；二是提高防治效率5倍以上；三是提高防治效果10个百分点以上，水稻每亩产量损失减少50千克以上；四是每季防治次数可减少1~2次，农药用量减少20%以上，能显著改善农田生态环境，有效降低农产品农药残留。

## 八、绿色防控技术要点

根据"预防为主、综合防治"的植保方针，结合现阶段植物保护的现实需要和可采用的技术措施，形成的一个技术性概念。其内涵就是按照"绿色植保"理念，采用农业防治、物理防治、生物防治、生态调控以及科学、合理、安全使用农药的技术，达到有效控制农作物病虫害，确保农作物生产安全、农产品质量安全和农业生态环境安全，促进农业增产、增收的目的。

### （一）绿色防控技术

**1. 生态调控技术**

重点采取推广抗病虫品种、优化作物布局、培育健康种苗、改善水肥管理等健康栽培措施，并结合农田生态工程、果园生草覆盖、作物间套种、天敌诱集带等生物多样性调控与自然天敌保护利用等技术，改造病虫害发生源头及滋生环境，人为增强自然控害能力和作物抗病虫能力。

**2. 生物防治技术**

重点推广应用以虫治虫、以螨治螨、以菌治虫、以菌治菌等生物防治关键措施，加大赤眼蜂、捕食螨、绿僵菌、白僵菌、微孢子虫、苏云金杆菌（BT）、蜡质芽孢杆菌、枯草芽孢杆菌、核型多角体病毒（NPV）、牧鸡牧鸭、稻鸭共育等成熟产品和技术的示范推广力度，积极开发植物源农药、农用抗生素、植物诱抗剂等生物生化制剂应用技术。

**3. 理化诱控技术**

重点推广昆虫信息素（性引诱剂、聚集素等）、杀虫灯、诱虫板（黄板、蓝板）防治蔬菜、果树和茶树等农作物害虫，积极开发和推广应用植物诱控、食饵诱杀、防虫网阻隔和银灰膜驱避害虫等理化诱控技术。

**4. 科学用药技术**

推广高效、低毒、低残留、环境友好型农药，优化集成农药的轮换使用、交替使用、精准使用和安全使用等配套技术，加强农药抗药性监测与治理，普及规范使用农药的知识，严格遵守农药安全使用间隔期。通过合理使用农药，最大限度降低农药使用造成的负面影响。

### （二）病虫绿色防控的三大效益

**1. 经济效益显著**

通过绿色防控技术的应用，可减少农药施用 2～3 次，亩平减少农药投入 40～60 元，亩挽回损失或增加蔬菜产量 400～500 千克，以无公害产品平均售价高于普通产品 15% 计算，每亩绿色防控产品增收 600 元以上。

**2. 社会效益突出**

实施绿色防控区域内的蔬菜农药残留检测合格率可以达到 100%；同时，培养了一批懂绿色防控技术的生产管理、技术人员和农民，绿色防控已成为企业自律、农民自觉行为。

**3. 生态效益明显**

推广应用绿色防控技术后，农药使用量减少，生态环境改善，天敌种群数量增加。

## 九、农业植保无人机

### （一）植保无人机的概念

植保无人机顾名思义是用于农林植物保护作业的无人驾驶飞机，该型无人飞机有飞行平台（固定翼、单旋翼、多旋翼）、GPS 飞控、喷洒机构三部分组成，通过地面遥控或 GPS 飞控，来实现喷洒作业，可以喷洒药剂、种子、粉剂等。目前国内植保无人机技术和产品性能参差不齐，众多产品中绝少有能够满足大面积高强度植保喷洒要求的。

### （二）植保无人机的特点

植保无人机具有作业高度低、飘移少、可空中悬停、无须专用起降机场等优点。旋翼产生的向下气流有助于增加雾流对作物的穿透性，防治效果好，远距离遥控操作，喷洒作业人员避免了暴露于农药的危险，提高了喷洒作业安全性。

无人机喷药服务采用喷雾喷洒方式至少可以节约 50% 的农药使用量，节约 90% 的用水量，这将在很大程度上降低资源成本。电动无人机与油动的相比，整体尺寸小，重量轻，折旧率更低、单位作业人工成本不高、易保养。

以上就是植保无人机的一些介绍，在操作植保无人机时要注意安全，远离人群，雷雨天气禁止飞行，要按照正确的操作指南进行操作，需要接受正规的操作练习和指导，同时一定要了解植保无人机遥控最大的范围，购买时也要注意植保无人机的质量。建议在购买时找正规的厂家，可以保证产品安全和完善的售后服务，避免因购买而带来不必要的损失。

### （三）植保无人机喷药和传统喷药技术的区别

以前农作物病虫害的防治都是采用传统人工喷药技术来进行的，但是这种传统喷药技术不仅不安全，而且效率非常低下，早已不能满足行业发展的现状，而喷药无人机的出现大大解决了这一难题。那么喷药无人机和传统喷药技术的区别在哪呢？

1. 植保无人机喷药比传统喷药技术更安全

喷药无人机可用于低空农情监测、植保、作物制种辅助授粉等。植保中使用最多的是喷洒农药，携带摄像头的无人机可以多次飞行进行农田巡查，帮助农户更准确地了解粮食生长情况，从而更有针对性地喷洒农药，防治害虫或是清除杂草。其效率比人工打药快百倍，还能避免人工打药的中毒危险。

2. 植保无人机喷药比传统喷药技术作业效率更高

喷药无人机旋翼产生向下的气流，扰动了作物叶片，药液更容易渗入，可以减少 20% 的农药用量，达到最佳喷药效果，理想的飞行高度低于 3 米，飞行速度小于 10 米/秒。在大大提高作业效率的同时，也更加有效地实现了杀虫效果。而传统的喷药技术速度慢、效率低，很容易发生故障，还可能导致农作物不能提早上市。

3. 植保无人机喷药比传统喷药技术更节省

无人机喷药服务一亩地的价格只需要 10 块钱，用时也仅仅只有 1 分钟左右，一个植保作业组包括 6 个人、1 辆轻卡和 1 辆面包车、4 架多旋翼无人机，在 5~7 天时间内可施药作业 1 万亩。和以往的传统喷药技术雇人喷药相比，节约了成本、节省了人力和时间。

植保无人机喷药和传统喷药技术的区别在于：植保无人机喷药不仅能够提早预防农作物灾害情况，不浪费资源，而且喷洒均匀、覆盖全面。

## 第三节　良种的关键性知识

种子是粮食之母，农业生产要想获得全面、持续、稳定的高产，向社会提供优质商品粮和轻工业原料，必须搞好种子工作。一个优良品种应具备丰产性、抗逆性、优良品质以及人们所需要的其他特性。

种子是植物个体发育的一个阶段。从受精开始，到种子成熟后的休眠、萌发，是植物发育中的一个微妙过程。种子既是上一代的结束，也是下一代的开始。

种子为高等植物所特有，是植物长期进化的产物。从植物学上讲，种子是胚珠发育而成的繁殖器官。农业生产上通常所说的种子，包括粮、棉、油、麻、桑、茶、糖、菜、烟、果、药、花卉、牧草、绿肥及其他种用的籽粒、果实和根、茎、苗、芽等繁殖材料，所以也称为"农业种子"。现代生物学又赋予种子新的内涵，"人工种子"的研制和开发成功，已超出"自然种子"的范畴，不仅使种子的科技含量大为提高，而且使种子的工厂化生产成为可能。它预示着种子科技的一次新的革命即将到来。

## 一、种子的外部形态

种子的外部形态因作物不同而不同，但同种作物不同品种间差异较小。

种子的外部形状有圆形（如豌豆）、椭圆形（如大豆）、肾脏形（如菜豆）、马齿形（如玉米）、卵形（如棉花）、扁卵形（如瓜类）、纺锤形（如大麦）、盾形（如葱）等各种不同的形状。

种子因含有不同的色素而呈现不同的颜色和斑纹，有的明显，有的暗淡，有的还有光泽。即使同一种作物的不同品种，颜色差异也很明显，如大豆由于种皮不同分为黄豆、黑豆、绿豆、青豆、花豆等，小麦根据不同皮色分为白皮和红皮两大类；每一类型的不同品种之间，又有明暗深浅之分，如玉米大多数呈橙黄色，有的品种则呈黄色、浅黄色、白色、紫色或红色。

种子的大小通常用籽粒的长、宽、厚或千粒重两种方法表示。种子的长、宽、厚在清选分级上有特殊的意义，千粒重多用来作为衡量种子品质的重要指标之一。不同作物的种子，大小相差极为悬殊，如蚕豆的千粒重可高达 2 500 克以上，而烟草种子的千粒重为 20~50 克。

种子的形状和颜色在遗传上是相当稳定的性状（但受成熟期间气候条件的影响和种子本身成熟度的影响），而且不同品种之间往往存在着显著差异，因此是鉴别植物种和品种的重要依据。种子的大小虽也是遗传特性之一，但因受生长环境和栽培条件的影响较大，即使是同一品种，在不同年份、不同地区，种子的充实程度也各不相同，如小麦，不同年份收获的同一品种，千粒重可相差 10 克以上，所以千粒重不能作为鉴定品种的依据。

从种皮上一般还可以看到种脐、发芽口、脐条、内脐、种阜的痕迹。不同植物和品种间这些痕迹也有差异。

（1）种脐。种脐是种子附着在胎座上的部分，也就是种子成熟后从珠柄上脱落时留下的疤痕。

（2）发芽口。就是胚珠时期的珠孔，也称种孔。发芽口的位置正好对着种皮下胚根的尖端，当种子萌发时，水分首先从这个小孔进入种子内部，胚根细胞很快吸水膨胀，从这个小孔伸出。

（3）脐条。脐条是倒生或半倒生胚珠从珠柄通到合点维管束痕迹，也称种脉和种脊。不同类型的植物种子，脐条的长短也不同。一般豆类、棉花等种皮脐条比较明显，而由直生胚珠发育而成的种子就没有脐条。

（4）内脐。内脐是胚珠时期合点的痕迹，位于脐条的终点部位，通常稍呈突起状。在棉花和豆类的种子上看得比较清楚。

（5）种阜。在靠近种脐部位的种皮上的海绵状瘤状突起，是由外种皮细胞增殖而成。蓖麻种子和西瓜种子的种阜最为明显。

## 二、品种审定的适用法规和组织机构

1997 年 10 月 10 日国家农业部第 29 号、23 号令正式颁发了《全国农作物品种审定委员会章程》和《全国农作物品种审定办法》。各省也根据地方种子法规制订了品种审定办法，这是我们进行品审工作的法律依据。

农作物品种审定实行国家和省（自治区、直辖市）两级审定制度。农业部设全国农作物品种审定委员会（以下简称全国品审会）；各省（自治区、直辖市）人民政府的农业主管部门设立省级农作物品种审定委员会（以下简称省品审会）。市（地、州、盟）人民政府的农业主管部门可设立农作物品种审查小组。全国品审会和省级品审会是在农业部和省级人民政府农业主管部门领导下，负责农作物品种审定的权力机构。

品审会委员由农业行政部门、种子部门、科研单位、教学单位和有关单位推荐的专业技术人员组成。

## 三、品种审定的办法

### (一) 申报条件

品种审定分国家级审定和省级审定。无论申请哪级审定，都必须具备相应的申报条件。

1. 申报省级品种审定的条件

新育成的品种或新引进的品种，要求报审时，一般应具备以下条件。

(1) 参加区域试验和生产试验的时间，报审品种需经过连续 2~3 年的区域试验和 1~2 年的生产试验。两项试验可交叉进行，但至少有连续 3 年的试验结果和 1~2 年的抗性鉴定、品质测定资料。

(2) 报审品种的产量水平要求高于当地同类型的主要推广品种的原种产量的 5%以上，并经过统计分析增产显著。

如果产量水平虽与当地同类型的主要推广品种的原种相近，但在品质、成熟期、抗逆性等有一项或多项性状表现突出的亦可报审。

2. 申报国家级品种审定的条件

向全国品审会申报审定品种，应具备下列条件之一。

(1) 主要遗传性状稳定一致；经连续 2 年以上（含 2 年，下同）国家农作物品种区域试验和 1 年以上生产试验（区域试验和生产试验可交叉进行），并达到审定标准的品种。

(2) 经两个以上省级品审会审（认）定通过的品种。

(3) 国家未开展区域试验和生产试验的作物，有全国品审会授权单位进行的性状鉴定和两年以上的多点品种比较试验结果，经鉴定、试验单位推荐，具有一定应用价值的品种。

（二）申报材料

报请国家审定的品种应填写《全国农作物品种审定申请书》，申报人或单位要按申请书的各项要求认真填写，并附有关材料。这些材料主要如下。

（1）每年区域试验和生产试验年终总结报告（复印件）。

（2）指定专业单位的抗病（虫）鉴定报告。

（3）指定专业单位的品质分析报告。

（4）品种特征标准图谱，如株、茎、根、叶、花、穗、果实（铃、荚、块茎、块根、粒）的照片（15厘米左右彩色照片）。

（5）栽培技术及繁（制）种技术要点。

（6）省级农作物品种审定委员会审定通过的品种合格证书（复印件）。

省级品种审定的报审材料要求由各省品审会制订，如青海省规定报审品种应由选育（或引进）单位（或个人）提交品种审定申请书、品种标准、2年的区域试验和生产试验报告、品种照片、品质分析报告、抗病虫害专业组报告、农艺性状专业组报告、原种质量检测报告、制作多媒体。

（三）申报程序

品种申报程序是先由育（引）种者提出申请并签名盖章，由育（引）种者所在单位审查、核实加盖公章，再经主持区域试验和生产试验单位推荐并签章后报送品审会。向国家级申报的品种，须有育种者所在省或品种最适宜种植的省级品审会签署意见。

四、种子检验

（一）种子检验的原理

种子检验是评价种子质量的一种手段，它包括一整套综合技术。"种子质量"是一个综合概念，包括品种品质和播种品质两个方面。品种品质是指种子的真实性和品种纯度；播种品质是指种子净度、饱满度、生活力、发芽率、含水量等。优良的种子必须是纯度高、净度好、充实饱满、生活力强、发芽率高、水分较低和不带病虫害的种子。

种子检验必须严格遵照国家颁布的《农作物种子检验规程》执行，才能在允许误差范围内得出普遍一致的结果。有了检验结果，还必须有一个衡量种子质量优劣的尺度，这就是国家颁布的《农作物种子质量标准》，根据这个分级标准规定对种子质量予以评定等级。总之，种子检验是根据《农作物种子检验规程》规定的程序和方法，利用必要的仪器，结合对照《农作物种子质量标准》，对种子质量作出的一致的、正确的判断和评价的过程。

### （二）种子检验

1. 种子法则

国际上发达国家和许多发展中国家都颁布了《中华人民共和国种子法》，并对植物新品种实行法律保护。我国《植物新品种保护条例》要求品种权人对其注册品种的典型性状应提供说明，并"根据审批机关的要求提供必要的资料和该植物新品种的繁殖材料"。《植物新品种保护条例》是对新品种进行质量认证和控制的基础。

2. 种子认证

种子认证是保持和生产高质量和遗传性稳定的作物品种种子或繁殖材料的一种方案，是种子质量保证系统。在这种方案（系统）下，种子商、种子专业户应利用纯系种子以及认真采取质量控制措施，并进行田间检验和室内检验等工作，确保生产出高质量的生产用种（良种）供应农业大田生产种植。

3. 种子分级标准

关于种子质量评价，国际惯例有两种形式，一是规定最低标准，二是依据标签（发票、合同、协议、检验结果单、广告目录等）真实性。我国是对主要作物采用最低标准形式。

4. 种子健康检验

种子健康检验是包括生化、微生物、物理、植保等多学科知识的综合检测技术，主要内容是对种子病害和虫害进行检验。所涉及的病害是指在其侵染循环中某阶段和种子联系在一起，并由种子传播的一类植物病害；种子害虫则指在种子田间生长和贮藏期间感染和为害种子的害虫。

健康检验的目的是防止在引种和调种中检疫性病虫的传播和蔓延；了解种子携带病虫的种类，明确种子处理的对象和方法；了解种子携带病虫数量以确定种用价值，同时也为种子安全贮藏提供依据，也作为发芽试验的一个补充。

健康检验项目包括"田检"和"室检"两部分。田检是根据病虫发生规律，在一定生长时期比较明显时检查。检验主要依靠肉眼，如一些病毒病很难以室内分离培养的方式来诊断，必须结合田检确定。室检方法较多，是贮藏、调种、引种过程中进行病虫检验的主要手段。

（1）种子害虫及其检验。种子害虫种类繁多，国内已知仓库害虫至少有250种，常见的有象鼻虫、隐翅虫、谷盗类、蛾类、小茧蜂和螨类等。在虫害检验时，应先了解害虫形态特征、生活习性及其为害症状。

检验种子害虫应根据不同季节害虫活动特点和规律，在其活动和隐藏最多部位取样。常用检测方法有肉眼检验、过筛检验、剖粒检验、染色检查、比重检验和软 X 射线检验。害虫感染种子的方式分明显感染和隐性感染。

（2）种子病害及其检验。引发种子病害的原因，统称病原。病原可分为非侵染性和侵染性两大类。前者指由不适宜的环境条件引起，如高温可使种子发热霉变，造成缺氧呼吸而酒精中毒；后者指由有害生物（病原物）侵染所引起的病害。病原物主要有真菌、细菌、病毒、类菌原体、类病毒、线虫和寄生性植物等。

由于种子带病的类型和病原不同，病害检验的方法也不相同，目前常用的方法如下。

①肉眼检验：该法借助肉眼或低倍放大镜检验，适用于混杂在种子中的较大病原体，被大量病菌孢子污染的种子及病粒等。

②过筛检验：该法利用病原体与种子大小不同，通过一定的筛孔将病原体筛出来，然后进行分类称重。

③洗涤检验：有些附着在种子表面的病菌孢子肉眼不能直接检查，这时可用洗涤检验。

④漏斗分离检验：该法主要用于检验种子外部所携带的线虫。

⑤萌芽检验：在种子萌发阶段开始为害或长出病菌的，可根据种子或幼苗的病症进行检验。

此外，还有分离培养检验、噬菌体检验、隔离种植检验等。

## 五、种子分级

### （一）种子分级的方法

品种纯度是划分种子质量级别的主要依据。

（1）常规种子纯度达不到原种指标降为良种，达不到良种的即为不合格种子。净度、发芽率、水分其中一项达不到指标的即为不合格种子。

（2）杂交种子纯度达不到一级良种指标的降为二级，达不到二级良种的降为不合格种子。净度、发芽率、水分其中一项达不到指标的即为不合格种子。

### （二）种子分级的标准

种子分级标准，是对种子质量划分所做的各种规定。只有依照种子分级标准，才能正确的划分种子的质量等级、合理地评定种子的使用价值，为种子的交换提供依据，起到维护生产者、经营者和使用者的共同利益的作用。

依据 1996 年 12 月 28 日国家标准局发布的《农作物种子质量标准》。

**（三）种子的质量评定、分级与签证**

1. 种子质量评定

种子质量评定就是根据种子田间检验和室内检验的结果对种子品质作出科学地、合乎实地判定，以划分种子等级，确定种子的价值和用途。

2. 种子质量的分级方法

在实际种子质量分级工作中，当种子净度、纯度、发芽率和水分等指标均达到同一级别时，便可根据分级标准直接进行分级。若种子纯度、净度、发芽率、水分等指标达不到同一标准时，即各分级指标出现交叉现象时，首先以纯度检验结果定级；其次，将净度检验结果与纯度级别降低的等级数和发芽率检验结果，纯度降低的等级数相加，二者之和等于 1，维持原纯度等级，二者之和等于 2 或 3，比原纯度等级降低一级，二者之和等于 4，比原纯度等级降低两级；最后，当净度、发芽率等级高于纯度等级时，不予考虑，但均不得低于最低标准。

3. 种子签证

当种子的室内检验和田间检验全部结束后，根据对种子品种品质和播种品种的检验、评定、分级结果对合格的种子签发种子检验合格证书。种子检验合格证书是经营、调种、运输及使用的依据，播种检验合格的种子，是农作物增产的基础。如果误将检验不合格的种子签发合格证书，那么必然会出现播种后种子不出苗、缺苗、苗弱或有时完全是其他品种的情况，这就会给农业生产造成不应有的损失。因此，种子签证对于种子品质来说是至关重要的一环。签发了种子检验合格证书就意味着种子品质符合良种的要求，所以签证工作执行的正确与否事关重大，在工作中要实事求是地把好签证，以保证种子质量，促进农业生产。

## 六、选用良种时应该注意的问题

选择适宜的良种，对提高产量有着重要作用，选种时应注意以下四个事项。

一忌盲从，不管耕地的土质、肥力、管理水平等情况，人家种什么品种自己也种什么品种。

二忌趋新，认为凡是新品种就是好品种，也不管该品种是否通过审定。

三忌越区，种地不按积温带要求选用适宜品种，喜欢种越区晚熟品种。

四忌趋高，认为"价格高的种子就是好种子"。

## 七、遇到种子质量纠纷怎么办

种子质量的高低直接关系到农业生产的安全、农民的收成和农村社会的稳定。但由于目前种子经营存在销售点多、品种繁杂、规格不一、质量参差不齐以及还存在制售假劣种子和不规范经营行为等现象，当种子经营者和种子使用者之间发生种子质量纠纷时，应遵照《中华人民共和国种子法》《消费者权益保护法》的规定，通过以下途径解决种子质量纠纷。

### （一）协商和解

如果发生种子质量纠纷，种子使用者要立即取证，将留存的种子及包装袋和发票（收据）妥善保管，对种植的农作物的田间要取样、拍照或录像，这是处理种子质量纠纷最重要的证据。然后与种子经营者交涉，双方要就发生的问题进行认真地分析，明确双方责任，如双方达成协议，与种子经营商和解。

## (二) 申请调解

当种子经营者和使用者无法协商和解时,双方或一方向当地农业行政主管部门或消协等部门提出申请调解。做到:对留有样种的,有关部门委托有种子质量鉴定权限和资质的种子质量检测单位依照国家相关标准,采取合法程序进行种子质量检验,并出具具有法律效力的检验报告,管理部门依此依法进行处理;对没有留样种的,可由管理部门组织专家进行现场鉴定;对既没有留样种又没有现场可供鉴定的,可遵循自愿、平等、诚实信用的原则进行协商调解。

## (三) 仲裁起诉

种子经营者和使用者不愿通过协商、调解解决或者协商、调解不成的,可以根据种子经营者和使用者之间的协议向仲裁机构申请仲裁。种子经营者和使用者也可以直接向人民法院起诉。

相关规定:

《中华人民共和国种子法》第四十一条:种子使用者因种子质量问题遭受损失的,出售种子的经营者应当予以赔偿,赔偿额包括购种价款、有关费用和可得利益损失。

经营者赔偿后,属于种子生产者或者其他经营者责任的,经营者有权向生产者或者其他经营者追偿。

# 第四节 物联网的关键性知识

## 一、物联网的主要特点

全面感知、可靠传输与智能处理是物联网的三个显著特点。物联网与互联网、通信网相比有所不同,虽然都是能够按照特定的协议建立连接的应用网络,但物联网在应用范围、网络传输以及功能实现等方面都比现有的网络要明显增强，其中最显著的特点是感知范围扩大以及应用的智能化。

### （一）全面感知

物联网连接的是物，需要能够感知物，赋予物智能，从而实现对物的感知。以前我们对于物的感知是表象的，现在变成了物与物、人与物之间进行广泛的感知和连接，感知的范围进一步扩展，这是物联网根本性的变革。

要实现对物体的感知，就要利用 RFID、传感器、二维码等技术以便能够随时随地采集物体的静态和动态信息。这样我们就可以对物体进行标识，全面感知所连接对象的状态，对物进行快速分级处理。

现在一些智能终端中已经内置了传感器，例如苹果公司的 iPhone 手机。iPhone 通过对旋转时运动的感知，可以自动地改变其显示竖屏还是横屏，以便用户能够以合适的方向和垂直视角看到完整的页面或者数字图片。物联网的感知层能够全面感知语音、图像、温度、湿度等信息并向上传送。

### （二）可靠传输

物联网通过前端感知层收集各类信息，还需要通过可靠的传输网络将感知的各种信息进行实时传输，这种传输具有以下特点。

（1）对感知到的信息进行可靠传输，全面及时而不失真。

（2）信息传递的过程应是双向的，即处理平台不仅能够收到前端传来的信息，并且能够顺畅安全地将相关返回信息传递到前端。

（3）信息传输安全、防干扰，防病毒能力、防攻击能力强，具有高可靠的防火墙功能。物联网的传输层包含大型的传输设备、交换设备，为信息的可靠传输提供稳定安全的链路。

### (三) 智能处理

对于收集的信息，互联网等网络在这个过程中仍然扮演重要角色，利用计算机技术，结合无线移动通信技术，构成虚拟网络，及时地对海量的数据进行信息控制，完成通信，进行相关处理。真正达到了人与物的沟通、物与物的沟通。在物联网系统中，通过相关指令的下达，使联网的多种物体处于可监控、可管理的状态，这就突破了手工管理的种种不便。应用感知技术让物体能够及时反馈自己所处的状态，从而实现智能化管理。物联网对信息的智能化处理是对信息进行"非接触自动处理"，通过各种传感设备可以实现信息远程获取，并不需要去实地采集；对物流信息实行实时监控，通过对流通中的物体内置芯片，系统就能够随时监控物体运行的状态；在智能处理的全过程中，都可实现各环节信息共享。

### 二、农业物联网的应用

整体来说，目前一些农业信息感知产品在农业信息化示范基地开始运用，但大部分产品还停留在试验阶段，产品在稳定性、可靠性、低功耗等性能参数上还与国外产品存在一定的差距，因此，我国在农业物联网上的开发及应用还有很大的空间。

近十年来，美国和欧洲的一些发达国家和地区相继开展了农业领域的物联网应用示范研究，实现了物联网在农业生产、资源利用、农产品流通领域、精细农业的实践与推广，形成了一批良好的产业化应用模式，推动了相关新兴产业的发展。同时还促进了农业物联网与其他物联网的互联，为建立无处不在的物联网奠定了基础。我国在农业行业的物联网应用，主要实现农业资源、环境、生产过程、流通过程等环节信息的实时获取和数据共享，以保证产前正确规划以提高资源利用效率，产中精细管理以提高生产效率、实现节本增效，产后高效流通、实现安全溯源等多个方面，但多数应用还处于试验示范阶段。

## （一） 大田种植方面

国外，Hamrita 和 Hoffacker 应用 RFID 技术开发了土壤性质监测系统，实现对土壤湿度、温度的实时检测，对后续植物的生长状况进行研究；Ampatzidis 和 Vougioukas 将 RFID 技术应用在果树信息的检测中，实现对果实的生长过程及状况进行检测；美国 AS Leader 公司采用 CAN 现场总线控制方案；美国 StarPal 公司生产的 HGIS 系统，能进行 GPS 位置、土壤采样等信息采集，并在许多系统设计中进行了应用。国内，基于无线传感网络，实现了杭州美人紫葡萄栽培实时监控；高军等基于 ZigBee 技术和 GPRS 技术实现了节水灌溉控制系统；基于 CC2430 设计了基于无线传感网络的自动控制滴灌系统；将传感器应用在空气湿度和温度、土壤温度、$CO_2$ 浓度、土壤 pH 值等检测中，研究其对农作物生长的影响；利用传感器、RFID、多光谱图像等技术，实现对农作物生长信息进行检测；中国农业大学在新疆建立了土壤墒情和气象信息检测试验，实现按照土壤墒情进行自动滴灌。

## （二） 畜禽养殖方面

国外，Hurley 等进行了耕牛自动放牧试验，实现了基于无线传感器网络的虚拟栅栏系统；Nagl 等基于 GPS 传感器设计了家养牲畜远程健康监控系统；Taylor 和 Mayer 基于无线传感器，实现动物位置和健康信息的监控；Parsons 等将电子标签安装在 Colorado 的羊身上，实现了对羊群的高效管理；荷兰将其研发的 Velas 智能化母猪管理系统推广到欧美等国家，通过对传感器检测的信息进行分析与处理，实现母猪养殖全过程的自动管理、自动喂料和自动报警。国内，林惠强等利用无线传感网络实现动物生理特征信息的实时传输，设计实现了基于无线传感网络的动物检测系统；谢琪等设计并实现了基于 RFID 的养猪场管理检测系统；耿丽微等基于 RFID 和传感器设计了奶牛身份识别系统。

### (三) 农产品物流方面

国外，Mayr 等将 RFID 技术应用到猪肉追溯中，实现了猪肉追溯管理系统。国内，谢菊芳等利用 RFID、二维码等技术，构建了猪肉追溯系统；孙旭东等利用构件技术、RFID 技术等，实现了柑橘追溯系统；北京、上海、南京等地逐渐将条形码、RFID、IC 卡等应用到农产品质量追溯系统的设计与研发中。

# 第五章　经营管理常识

## 第一节　土地流转

### 一、土地家庭承包经营权的流转

《中华人民共和国农村土地承包法》（以下简称《农村土地承包法》）规定，农户的土地承包经营权可以依法流转。在稳定农户的土地承包关系的基础上，允许土地承包经营权合理流转，是农业发展的客观要求。而确保家庭承包经营制度长期稳定，赋予农户长期而有保障的土地使用权，是土地承包经营权流转的基本前提。

1. 土地承包经营权流转的原则

（1）平等协商、自愿、有偿原则是根据我国《农村土地承包法》第三十三条规定，土地承包经营权的流转应当遵循该原则。尊重农户在土地使用权流转中的意愿，平等协商，严格按照法定程序操作，充分体现有偿使用原则，不搞强迫命令等违反农民意愿的硬性流转。流转的期限不得超过承包期的剩余期限，受让方须有农业经营能力，在同等条件下本集体经济组织成员享有优先权。

（2）不得改变土地集体所有性质、不得改变土地用途、不得损害农民土地承包权益（"三个不得"）。党的十七届三中全会审议通过的《中共中央关于推进农村改革发展若干重大问题的决定》中规定，上述"三个不得"是农村土地流转必须遵循的重大原则。农村土地归集体所有，土地流转的只是承包经营权，不能在流转中变更土地所有权属性，侵犯农村集体利益。实行土地用途管制是我国土地管理的一项重要制度，农地只能农用。在土地承包经营权流转中，农民的流转自主权、收益权要得到切实保障，转包方和农村基层组织不能以任何借口强迫流转或者压低租金价格，侵犯农民的权益。

2. 土地承包经营权流转的方式

依据我国《农村土地承包法》第三十七条规定，土地承包经营权的流转主要是以下几种方式：转包、出租、互换、转让、入股。

（1）转包。主要是指承包方把自己承包期内承包的土地，在一定期限内全部或部分转包给本集体经济组织内部的其他农户耕种。

（2）出租。主要是指承包方作为出租方，将自己承包期内承包的土地，在一定期限内全部或部分租赁给本集体经济组织以外的单位或个人，并收取租金的行为。

（3）互换。主要是指土地承包经营权人将自己的土地承包经营权交换给他人行使，自己行使从他人处换来的土地承包经营权。

（4）转让。主要是指土地承包经营权人将其所拥有的未到期的土地承包经营权以一定的方式和条件转移给他人的行为。

转让不同于转包、出租和互换。在转包和出租的情况下，发包方和出租方即原承包方与原发包方的承包关系没有发生变化，新发包方和出租方并不失去土地承包经营权。在互换土地承包经营权中，承包方承包的土地虽发生了变化，但并不因此而丧失土地承包经营权。而在土地承包经营权的转让中，原承包方与发包方的土地承包关系即行终止，转让方（原承包方）不再享有土地承包经营权。

（5）入股。是指承包方之间为了发展农业经济，自愿联合起来，将土地承包经营权入股，从事农业合作生产。这种方式的土地承包经营权入股，主要从事合作性农业生产，以入股的股份作为分红的依据，但各承包户的承包关系不变。

3. 土地承包经营权流转履行的手续

（1）土地承包经营权流转实行合同管理制度。《农村土地承包经营权流转管理办法》规定，土地承包经营权采取转包、出租、互换、转让或者其他方式流转，当事人双方应签订书面流转合同。

农村土地承包经营权流转合同一式四份，流转双方各执一份，发包方和乡（镇）人民政府农村土地承包管理部门各备案一份。承包方将土地交由他人代耕不超过一年的，可以不签订书面合同。承包方委托发包方或者中介服务组织流转其承包土地的，流转合同应当由承包方或其书面委托的代理人签订。农村土地承包经营权流转当事人可以向乡（镇）人民政府农村土地承包管理部门申请合同鉴证。

乡（镇）人民政府农村土地承包管理部门不得强迫土地承包经营权流转当事人接受鉴证。

（2）农村土地承包经营权流转合同内容。农村土地承包经营权流转合同文本格式由省级人民政府农业行政主管部门确定。其主要内容如下。

①双方当事人的姓名、住所。

②流转土地的四至、坐落、面积、质量等级。

③流转的期限和起止日期。

④流转方式。

⑤流转土地的用途。

⑥双方当事人的权利和义务。

⑦流转价款及支付方式。

⑧流转合同到期后地上附着物及相关设施的处理。

⑨违约责任。

（3）农村土地经营权流转合同的登记。进行土地承包经营权流转时，应当依法向相关部门办理登记，并领取土地承包经营权证书和林业证书，同时报乡（镇）政府备案。农村土地经营权流转合同未经登记的，采取转让方式流转土地承包经营权中的受让人不得对抗第三人。

## 二、其他方式的承包

不宜采取家庭承包方式的荒山、荒沟、荒丘、荒滩（通常并称"四荒"）等农村土地，通过招标、拍卖、公开协商等方式承包的，属于其他方式承包。

1. 其他方式承包的特点

（1）承包方多元性。承包方可以是本集体经济组织成员，也可以是本集体经济组织以外的单位或个人。在同等条件下，本集体经济组织成员享有优先承包权。如果发包方将农村土地发包给本集体经济组织以外的单位或个人承包，应当事先经本集体经济组织成员的村民会议2/3以上成员或者2/3以上村民代表的同意，并报乡（镇）人民政府批准。

（2）承包方法的公开性。承包方法是实行招标、拍卖或者公开协商，发包方按照"效率优先、兼顾公平"的原则确定承包人。

2. 其他方式承包的合同

荒山、荒沟、荒丘、荒滩等可以通过招标、拍卖、公开协商等方式实行承包经营，也可以将土地承包经营权折股给本集体经济组织成员后，再实行承包经营或者股份合作经营。承包荒山、荒沟、荒丘、荒滩的，应当遵守有关法律、行政法规的规定，防治水土流失，保护生态环境。发包方和承包方应当签订承包合同，当事人的权利和义务、承包期限等，由双方协商确定。以招标、拍卖方式承包的，承包费通过公开竞标、竞价确定；以公开协商等方式承包的，承包费由双方议定。

3. 其他方式承包的土地承包经营权流转

通过招标、拍卖、公开协商等方式承包农村土地，经依法登记取得土地承包经营权证或者林权证等证书的，其土地承包经营权可以依法转让、出租、入股、抵押或者其他方式流转。与家庭承包取得的土地承包经营权相比较，少了一个转包，多了一个抵押。

土地承包经营权抵押，是指承包方为了确保自己或者他人债务的履行，将土地不转移占有而提供相应担保。当债务人不履行债务时，债权人就土地承包经营权作价变卖或者折价抵偿，从而实现土地承包经营权的流转。应注意我国现行法律只允许"四荒"土地承包经营权抵押，而大量的家庭承包方式下的土地承包经营权是不允许抵押的。

### 三、农村土地承包合同的主体

合同的主体包括合同的发包方和承包方。根据《农村土地承包法》第十二条规定，合同的发包方是农村集体经济组织、村委会或村民小组。合同的承包方是本集体经济组织的农户，签订合同的发包方是集体经济组织。发包方的代表通常是集体经济组织负责人。承包方的代表是承包土地的农户户主。

### 四、农村土地承包合同的主要条款

1. 农村土地承包合同条款

农村土地承包合同一般包括以下条款：发包方、承包方的名称，发包方负责人和承包方代表的姓名、住所；承包土地的名称、坐落、面积、质量等级；承包期限和起止日期；承包土地的用途；发包方和承包方的权利和义务；违约责任。

2. 承包合同存档、登记

承包的合同一般要求一式三份，发包方、承包方各一份，农村承包合同管理部门存档一份。同时，县级以上地方人民政府应当向承包方颁发土地承包经营权证或者林权证等证书，并登记造册，确认土地承包经营权。颁发土地承包经营权证或者林权证等证书，除按规定收取证书工本费外，不得收取其他费用。

### 五、农村土地承包合同当事人的权利义务

农村土地承包合同的当事人是发包方和承包方。

1. 发包方的权利和义务

（1）发包方的权利。

①发包本集体所有的或者国家所有由本集体使用的农村土地。

②监督承包方依照承包合同约定的用途合理利用和保护土地。

③制止承包方损害承包地和农业资源的行为。

④法律、行政法规规定的其他权利。

（2）发包方的义务。

一是维护承包方的土地承包经营权，不得非法变更、解除承包合同。承包合同生效后，发包方不得因承办人或者负责人的变动而变更或者解除，也不得因集体经济组织的分立或者合并而变更或者解除。承包期内，发包方不得单方面解除承包合同，不得假借少数服从多数强迫承包方放弃或者变更土地承包经营权，不得以划分"口粮田"和"责任田"等为由收回承包地搞招标承包，不得将承包地收回抵顶欠款。

二是尊重承包方的生产经营自主权，不得干涉承包方依法进行正常的生产经营活动。

三是依照承包合同约定为承包方提供生产、技术、信息等服务。

四是执行县、乡（镇）土地利用总体规划，组织本集体经济组织内的农业基础设施建设。

五是法律、行政法规规定的其他义务。

2. 承包方的权利和义务

（1）承包方的权利。

①依法享有承包地使用、收益和流转的权利，有权自主组织生产经营和处置产品。

②承包地被依法征用、占用的，有权依法取得相应的补偿。

③法律、行政法规规定的其他权利。

（2）承包方的义务。

①维持土地的农业用途，不得用于非农业建设。

②依法保护和合理利用土地，不得给土地造成永久性损害。

③制止承包方损害承包地和农业资源的行为。

④法律、行政法规规定的其他义务。

## 六、农村土地承包合同纠纷的解决

在土地承包过程中，发包方和承包方难免发生一些纠纷，这些纠纷的解决途径有以下几种。

1. 协商

发包方与承包方发生纠纷后，能够协商解决争议，是纠纷解决的最好办法。这样既节省时间，又节省人力和物力，但是并不是所有的纠纷都可以通过协商的方式解决。

2. 调解

纠纷发生后，可以请求村民委员会、乡（镇）人民政府调解，也可以请求政府的农业、林业等行政主管部门以及政府设立的负责农业承包管理工作的农村集体经济管理部门进行调解；

调解不成的，可以寻求仲裁或者诉讼途径解决纠纷。

3. 仲裁或诉讼

当事人不愿协商、调解或者协商、调解不成的，可以向农村土地承包仲裁机构申请仲裁。对仲裁不服的，可以向人民法院起诉。当然，当事人也可以不经过仲裁，直接向人民法院起诉。

# 第二节　农产品质量安全与品牌建设

## 一、农产品质量安全概况

1. 影响农产品质量安全的因素

（1）生产环境的污染。生产环境污染主要来源于产地环境的土壤、空气和水。

农产品在生产过程中造成污染主要表现为过量使用农药、兽药、添加剂和违禁药物造成的有毒有害物质残留超标。

（2）遭受有害生物入侵的污染。农产品在种（养）殖过程中可能遭受致病性细菌、病毒和毒素入侵的污染。

（3）人为因素导致的污染。农产品收获或加工过程中混入有毒有害物质，导致农产品受到污染。

2. 农产品质量安全保障与对策

（1）农产品质量安全生产的内部保障。

①激发生产企业内在动力：农产品生产企业按照无公害农产品质量标准组织生产的积极性是保障产品质量安全的前提。

②产地环境管理：农产品产地环境质量包括空气环境、土壤环境和水环境等。无论是无公害农产品还是绿色农产品的生产，产地环境建设都是保证农产品质量安全首先要考虑的问题。

③投入物的使用管理：农业生产系统的质量管理不仅体现

在生产中，还需要向前延伸紧密结合投入物的质量监控，才能为产后环节提供良好的起点。

④开展良好农业规范（Good Agriculture Practices，GAP）认证工作。

（2）农产品质量安全供给的外部保障。

①制度环境建设：建立一个良好的制度环境是保障农产品质量安全的前提，农产品质量安全生产环节的内部管理和发展，必须与外部相关制度环境相适应。

②市场环境建设：要充分考虑农产品生产和经营者过于分散的现实特点：一方面通过各种专业组织形式加强生产环节的联合与协作；另一方面通过非正式组织渠道使小生产者联合起来组建小企业集群，增强交易信息透明度，减少交易费用，缓解农产品小生产和大市场的矛盾，并创建一个易于规范的农产品市场交易主体环境。

③监管体系建设：监管体系的建设纵向涉及国家、省部和地方各级机构建设，横向涉及环保、质检及工商等多部门分工和协作。

④建立食用农产品风险补偿机制：补偿制度是处理紧急疫情的有效保障，第一要通过评估部门计算出产品成本和建议补偿额度。第二要根据养殖场（厂）内部防疫管理工作制度和工作记录分析质量责任大小，确定政府和企业承担损失的比例。第三要处理好养殖户和经销户的损失补偿关系。第四要确定政府补偿经费的来源是保证补偿制度顺利实施的关键，要研究中央政府和地方政府对补偿经费的负担水平，确保补偿到位。

（3）农产品质量安全保障对策。进一步完善法律体系，增强依法监管的力度；推广标准化生产，确保农产品安全；构建长效机制，提高监管实效；强化宣传教育，提高安全意识。

## 二、农业标准化建设的实施

实施农业标准化是建设现代农业的重要抓手，是增强我国农业市场竞争力的重要举措，是保障食品安全的基础条件。解决好 13 亿人口的吃饭问题，促进农业增效、农民增收，必须加快实施农业标准化。只有把农业产前、产中、产后全过程纳入标准化轨道，才能加快农业从粗放经营向集约经营转变，才能提高农业科技含量和经营水平，才能完善适应现代农业要求的管理体系和服务体系。加快农业标准化的实施，实现农产品全程质量控制，对保障食品安全和广大人民群众身体健康至关重要。

## （一）农业标准化建设中存在的主要问题

农业标准化建设虽取得了较大进展，但从发展现代农业、加快农业转型升级、提升农业竞争力的要求看，仍存在较大差距。

### 1. 思想认识不相适应

一是部分农民受传统的农作意识和文化水平限制，农业标准化意识不足，认为搞不搞农业标准化无所谓，不愿执行农业标准，不按标准施工。二是部分农业专业合作社和农产品加工企业缺乏长远目光，对实施标准求低不求高。三是部分基层单位由于专业技术人员力量相对薄弱，对农业标准化工作缺乏推广实施的具体措施，缺少必要的培训和直接的工作指导。

### 2. 监管工作不够到位

在农业标准化生产基地建设方面，部分标准农田名不副实，没有达到建设标准。在农业生产投入品质量控制方面，由于农户分散，农药进货渠道多，监管工作难度大，农药残留问题仍未完全解决。在农产品质量检验检测方面，检验检测机构体制不相适应，目前几乎都是公益性事业单位，没有按社会中介组织的市场化机制运作。在农产品市场监管方面，市场准入制度未全面实施，农产品质量鱼目混珠，优质品卖不出好价钱，挫伤了生产者和经营者的积极性。

3. 配套措施不够完善

一是资金投入总量不足，大多数由于配套资金落实不到位，项目降低建设标准，达不到原定目标设计要求。二是尽管政策鼓励和提倡农村土地承包经营权流转，但大部分农民仍不愿把承包地流转出去，受土地经营规模的限制，不利于推进农业标准化建设。

（二）推进农业标准化建设的对策建议

1. 积极构建农业标准新体系

当前要以农兽药残留限量、产地环境质量、投入品安全使用、种养殖规范、产品等级规格、包装储运等为重点，加快完善无公害农产品、优势农产品、出口农产品和特色农产品质量安全标准。把农业生产的产前、产中、产后各个环节纳入标准化管理轨道，重视农业标准化基地、各主导产业和农产品加工等标准的创新，完善种子种苗、生产资料、生产技术规程、产品质量等级、检验检测等标准，逐步形成与国际标准和行业标准相配套的涉及农业生产、加工和服务，科学、统一、权威的农业标准化体系，引导各地制定切合农业生产实际的操作规程、名特优新产品地方标准，使生产经营每个环节都有标准可依、有规范可循，提高农业标准的科学性、先进性、适用性。

2. 大力推广农业标准化生产技术

强化基层农技组织建设，健全以县级农技站为中心，区域性农技站为骨干，村级农技员和农业行业协会、农业龙头企业、农民专业合作社、种植养殖业大户等科技人员为基础的农业标准化服务体制，把农业标准化工作明确纳入相关组织和科技人员的职能、职责范围，全面施行工作目标管理责任制，建立"农业院校+研究所+农业科技推广部门+农业产业化龙头企业+农户"为主的新型农业科技推广体系。要采取"科技下乡""绿证"培训、办培训班、开现场会、印发宣传和技术资料等形式，以及开展科技进村入户活动，积极开展农业技术培训，广泛普及农业标准化知识，切实让广大农民熟练掌握标准化生产技术，真正成为农业标准化生产的推广者和受益者。

### 3. 加快品牌产品建设

在推进农业标准化的工作中，要以农业标准化建设促进品牌建设，以品牌建设推动农业标准化建设。必须牢固树立品牌理念，围绕开发、培育、创建品牌农产品的目标，把推进农业标准化作为一项基础工作，引导生产者和经营者开发、培育更多的无公害农产品、绿色食品和有机食品，创建更多的省级、国家级品牌农产品。进一步加大对品牌优势农产品生产经营主体的培育力度，逐步按照"统一品种、统一生产管理、统一产品品牌、统一包装标识"的标准模式运作，为创品牌打好扎实基础。

### 4. 强化信息服务平台建设

强化农业标准化信息公共服务平台建设，逐步形成连接国内外市场、覆盖生产和消费的农业标准化信息网络，为用户提供便捷有效的农业标准化信息服务。健全农业标准化信息的收集机制，做好农产品供求、价格等信息的采集、分析、筛选等工作。健全农产品市场信息发布制度，通过互联网、广播电视、报纸杂志等渠道及时发布信息，不断扩大信息服务覆盖面，让信息进村入户，充分发挥信息的引导作用。

### 5. 积极推进生产示范区建设

以农业标准化示范区为"骨干区域"，发挥其特有的聚集、扩散、辐射的带动作用，建立多层次、广覆盖、重实效的农业标准化推广实施体系，把推进农业标准化与发展农业产业化结合起来，带动农业规模化生产，标准化管理。提倡农民利用土地、资金等生产要素按股份合作制的形式组建农民合作经济组织，构建经济利益共同体，实现统一规划、统一标准生产、统一商标销售，以提高农业标准化生产水平和效益。

6. 建立健全农业标准化监督体系

加大农产品产地环境监测力度，完善农业生产资料、农副产品和农业生态环境等方面的监测网络。整合质监、农业、水产等有关部门资源，培养健全专门从事无公害农产品、绿色食品、有机食品的产地、产品创建和申报认证和管理工作的队伍。严格农业投入品管理，健全农业投入品质量监测体系，普及农业投入品安全使用知识，引导农民合理施肥、科学用药。加大农业标准实施的监督检查力度，全面建立以农产品质量安全监管为主的例行监测制度，把农业标准化贯穿于农产品从"农田到餐桌"的全过程质量监管中，确保人民群众真正享受到农业标准化建设的成果。

## 三、"三品一标"名牌农产品认定

### （一）农产品"三品一标"

"三品"即无公害、绿色、有机的农产品，其中无公害农产品是指产地环境和产品质量均符合国家普通加工食品相关卫生质量标准要求，经政府相关部门认证合格、并允许使用无公害标志的食品；绿色食品指无污染、优质、营养食品，国家绿色食品发展中心许可使用绿色食品商标的产品；有机农产品是根据有机农业原则，生产过程绝对禁止使用人工合成的农药、化肥、色素等化学物质和采用对环境无害的方式生产、销售过程受专业认证机构全程监控，通过独立认证机构认证并颁发证书，销售总量受控制的一类真正纯天然、高品位、高质量的食品。

"一标"即农产品地理标志，是标示农产品来源于特定地域，产品品质和相关特征主要取决于自然生态环境和历史人文因素，并以地域名称冠名的特有农产品标志，由农业部来负责全国农产品地理标志的登记工作。

"三品一标"是在保障公众食品安全的大背景下推出的，也是当前和今后一个时期农产品生产消费的主导产品。为此，农业部在全国启动实施了"无公害食品行动计划"，来挖掘、培育和发展独具地域特色的传统优势农产品品牌，保护各地独特的产地环境，提升独特的农产品品质，促进农业区域经济发展。

**（二）基本条件**

1. 申请人需要具备的条件

（1）申请人要具有独立的企业法人或社团法人资格，法人注册地址在中国境内。

（2）有健全和有效运行的产品质量安全控制体系、环境保护体系，建立了产品质量追溯制度。

（3）按照标准化方式组织生产。

（4）有稳定的销售渠道和完善的售后服务。

（5）最近三年内无质量安全事故。

2. 申请"中国名牌农产品"称号的产品，需要具备的条件

（1）产品符合国家有关法律法规和产业政策的规定。

（2）在中国境内生产，有固定的生产基地，批量生产至少三年。

（3）在中国境内注册并归申请人所有的产品注册商标。

（4）符合国家标准、行业标准或国际标准。

（5）市场销售量、知名度居国内同类产品前列，在当地农业和农村经济中占有重要地位，消费者满意程度高。

（6）产品质量检验合格。

（7）食用农产品应获得"无公害农产品""绿色食品"或者"有机食品"称号之一。

（8）开展过省级名牌认定的要求是省级名牌农产品，不是省级名牌农产品的，由省级农业行政主管部门出具本省未开展省级名牌农产品认定工作的证明。

### (三) 认定程序

农业部成立中国名牌农产品推进委员会，负责组织领导中国名牌农产品评选认定工作，中国名牌农产品实行年度评审制度。

(1) 申报范围。种植业类、畜牧业类、渔业类初级产品。

(2) 申报材料。

①《中国名牌农产品申请表》。

②申请人营业执照和注册商标复印件。

③农业部授权的检测机构或其他通过国家计量认证的检测机构按照国家或行业等标准对申报产品出具的有效质量检验报告原件。

④采用标准的复印件。

⑤申请产品获得专利的提供产品专利证书复印件及地级市以上知识产权部门对申请人知识产权有效性的意见。

⑥申请产品获得科技成果奖的，提供省级以上（含省级）政府或科技行政主管部门的科技成果获奖证书复印件。

⑦申请人获得产品认证的，提供相关证书复印件。

⑧由当地税务部门提供的税收证明复印件。

⑨其他相关证书、证明复印件。

(3) 申报程序。符合条件的申请人向所在省（自治区、直辖市及计划单列市）农业行政主管部门，提交一式两份《中国名牌农产品申请表》和其他申报材料的纸质件。各省（自治区、直辖市及计划单列市）农业行政主管部门省（自治区、直辖市及计划单列市）农业行政主管部门负责申报材料真实性、完整性的审查。符合条件的，签署推荐意见，报送名推委办公室。凡是没有省（自治区、直辖市及计划单列市）农业行政主管部门推荐意见的申报材料，不予受理。

中国名牌农产品推进委员会（以下简称名推委）办公室组织评审委员会对申报材料进行评审，形成推荐名单和评审意见，上报名推委。名推委召开全体会议，审查推荐名单和评审意见，形成当年度的中国名牌农产品拟认定名单，并通过新闻媒体向社会公示，广泛征求意见。名推委全体委员会议审查公示结果，审核认定当年度的中国名牌农产品名单。对已认定的中国名牌农产品，由农业部授予"中国名牌农产品"称号，颁发《中国名牌农产品证书》，并向社会公告。

**（四）监督管理**

（1）中国名牌农产品有效期管理规定。"中国名牌农产品"称号的有效期为 3 年。在有效期内，《中国名牌农产品证书》持有人应当在规定的范围内使用"中国名牌农产品"标志。

对获得"中国名牌农产品"称号的产品实行质量监测制度。获证申请人每年应当向名推委办公室提交由获得国家级计量认证资质的检测机构出具的产品质量检验报告。名推委对中国名牌农产品进行不定期抽检。

（2）中国名牌农产品撤销管理规定。《中国名牌农产品证书》持有人有下列情形之一的，撤销其"中国名牌农产品"称号，注销其《中国名牌农产品证书》，并在 3 年内不再受理其申请。

①有弄虚作假行为的。

②转让、买卖、出租或者出借中国名牌农产品证书和标志的。

③扩大"中国名牌农产品"称号和标志使用范围的。

④产品质量抽查不合格的，消费者反映强烈，造成不良后果的。

⑤发生重大农产品质量安全事故，生产经营出现重大问题的。

⑥有严重违反法律法规行为的。

未获得或被撤销"中国名牌农产品"称号的农产品，不得使用"中国名牌农产品"称号与标志。

从事中国名牌农产品评选认定工作的相关人员，应当严格按照有关规定和程序进行评选认定工作，保守申请人的商业和技术秘密，保护申请人的知识产权。

### 四、品牌建设

农产品是人类赖以生存的主要商品，也是质量隐蔽性很强的商品，需要利用品牌进行产品质量特征的集中表达和保护。农产品品牌战略是通过品牌实力的积累，塑造良好的品牌形象，从而建立顾客忠诚度，形成品牌优势，再通过品牌优势的维持与强化，最终实现创立农产品品牌与发展品牌。

#### （一）农产品品牌形成的基础

（1）品种不同。不同的农产品品种，其品质有很大差异，主要表现在营养、色泽、风味、香气、外观和口感上，这些直接影响消费者的需求偏好。品种间这种差异越大，就越容易使品种以品牌的形式进入市场并得到消费者认可。

（2）生产区域不同。"橘生淮南则为橘，生于淮北则为枳。"许多农产品即使种类相同，其产地不同也会形成不同特色，因为农产品的生产有最佳的区域。不同区域的地理环境、土质、温湿度、日照、土壤、气候、灌溉水质等条件的差异，都直接影响农产品品质的形成。

（3）生产方式不同。不同农产品的来源和生产方式也影响农产品的品质。野生动物和人工饲养的动物在品质、营养、口味等方面就有很大的差异；自然放养和圈养的品质差别也很大；灌溉、修剪、嫁接、生物激素等的应用，也会造成农产品品质的差异。采用有机农业方式生产的农产品品质比较好，而采用无机农业生产方式生产的农产品品质较差。

#### （二）农产品品牌建设

农产品品牌建设是一项系统工程，一般要注重以下两点。

（1）农产品品牌建设内容主要包括质量满意度、价格适中度、信誉联想度和产品知名度等。质量满意度主要包括质量标志、集体标志、外观形象和口感等要素。价格适中度主要包括定价适中度、调价适中度等。信誉联想度包括信用度、联想度、企业责任感、企业家形象等要素。产品知名度则体现为提及知名度、未提及知名度、市场占有率等。

（2）农产品品牌建设是一个长期、全方位努力的过程，一般包括规划、创立、培育和扩张4个环节。品牌规划主要是通过经营环境的分析，确定产品选择，明确目标市场和品牌定位，制定品牌建设目标。品牌创立主要包括品牌识别系统设计、品牌注册、品牌产品上市和品牌文化内涵的确定等。品牌培育主要内容包括质量满意度、价格适中度、信誉联想度和产品知名度的提升。品牌扩张包括品牌保护、品牌延伸、品牌连锁经营和品牌国际化等。

## 五、注册商标是培育品牌最简便易行的做法

现代社会，商标信誉是吸引消费者的重要因素。随着农产品市场化程度的不断提高，农产品之间的竞争日益激烈，注册商标是农产品顺利走向市场的必经途径之一。

### （一）商标是农产品的"身份证"

商标是识别某商品、服务或与其相关具体个人或企业的显著标志。商标经过注册，受法律保护。对于农产品来说，商标可以用于区别来源和品质，是农产品生产经营者参与竞争、开拓市场的重要工具，同时也承载了农业生产经营管理、员工素质、商业信誉等，体现了农产品的综合素质。商标还起着广告的作用，也是一种可以留传后世永续存在的重要无形资产，可以进行转让、继承，作为财产投资、抵押等。

### （二）农产品商标注册程序

《中华人民共和国农业法》第四十九条规定：国家保护植物

新品种、农产品地理标志等知识产权。《中华人民共和国商标法》第三条规定：经商标局核准注册的商标为注册商标，包括商品商标、服务商标和集体商标、证明商标；商标注册人享有商标专用权，受法律保护。商标如果不注册，使用人就没有专用权，就难以禁止他人使用。因此，在农产品上使用的商标要获得法律保护，应进行商标注册。

《中华人民共和国商标法》规定：自然人、法人或者其他组织可以申请商标注册。因此，农村承经营户、个体工商户均可以以自己的名义申请商标注册。申请注册的标应当具有显著性，不得违反商标法的规定，并不得与他人在先的权利相冲突。

申请文件准备齐全后，即可送交申请人所在地的县级以上工商行政管理局，由其向国家工商行政管理总局商标局核转，也可委托商标代理机构办理商标注册申请手续。

### （三）农产品注册商标权益保护

商标注册后，注册人享有专用权，他人未经许可不得使用，否则构成侵权，将受到法律的惩罚。商标侵权行为是指行为人未经商标所有人同意，擅自使用与注册商标相同或近似的标志，或者干涉、妨碍商标所有人使用注册商标、损害商标权人商标专用权的行为。侵权人通常需承担停止侵权的责任，明知或应知是侵权的行为人还要承担赔偿的责任。情节严重的，还要承担刑事责任。

判断是否构成商标侵权，不仅要比较相关商标在字形、读音、含义等构成要素上的近似性，还要考虑其近似是否达到足以造成市场混淆的程度。

当确认商标被侵权时，按照我国商标法的规定，商标注册人或者利害关系人可以向人民法院起诉，也可以请求工商行政管理部门处理。

# 第三节 人力资源管理

人力资源管理的目标主要有三个方面：一是最大限度地满足组织人力资源的需求；二是最大限度地开发与管理组织内外的人力资源；三是维护与激励组织内的人力资源。人力资源管理最重要的是做好规范化管理工作。

## 一、加强人力资源管理的意义

随着知识经济时代的到来，人力资源已逐渐代替物质资源和金融资源，成为企业最核心的资源。人力资源管理对企业发展的重要作用已成为全社会的共识，因此人力资源管理的好坏，将决定着企业未来的命运，它已成为企业管理的核心。

### （一）人力资源管理是现代社会经济的迫切需要

现在员工的素质越来越高，甚至超过了实际需要，越来越多的员工感觉自己大材小用。在这种情况下，如何激励这些自觉屈才的员工就变得很关键，这一点对中小微企业也特别重要。

### （二）人力资源管理帮助管理人员实现目标

这是因为人力资源管理能够帮助企业管理人员达到以下目的：用人得当，事得其人；降低员工的流动率，使员工努力工作；有效率地面试，以节省时间；使员工认为自己的薪酬公平合理；对员工进行充足的训练，以提高各个部门的效能。这些都是企业中各个部门和所有经理人员的普遍愿望。

### （三）人力资源管理能够提高员工的工作绩效

人力资源管理是以人的价值观为中心，为处理人与工作、人与人、人与组织的互动关系而采取的一系列开发与管理活动。人力资源管理的结果，就组织而言，是组织的生产率提高和竞争力增加，就员工而言，则是员工的工作生活质量提高与工作满意感增加。

## 二、人力资源管理的基本功能

### （一）获取

获取主要包括人力资源规划、招聘与录用。为了实现组织的战略目标，人力资源管理部门要根据组织结构确定职务说明书与员工素质要求，制订与组织目标相适应的人力资源需求与供给计划，并根据人力资源的供需计划而开展招募、考核、选拔、录用与配置等工作。显然，只有首先获取了所需的人力资源，才能对之进行管理。

### （二）整合

这是使员工之间和睦相处、协调共事、取得群体认同的过程，是员工与组织之间个人认知与组织理念、个人行为与组织规范的同化过程，是人际协调职能与组织同化职能。现代人力资源管理强调个人在组织中的发展，个人的发展势必会引发个人与个人、个人与组织之间的冲突，产生一系列问题，这就需要整合。整合主要内容有：组织同化，把个人价值观趋同于组织理念、个人行为服从于组织规范，使员工对组织认同并产生归属感；群体中人际关系的和谐；矛盾冲突的调解与化解。

### （三）奖酬

奖酬指为员工对组织所做出的贡献而给予奖酬的过程，属于人力资源管理的激励与凝聚职能，也是人力资源管理的核心。其主要内容为：根据对员工工作绩效进行考评的结果，公平地向员工提供合理的、与他们各自的贡献相称的工资、奖励和福利。这项基本功能的根本目的，在于增强员工的满意感，提高其劳动积极性和劳动生产率，增加组织的绩效。

### （四）调控

这是对员工实施合理、公平的动态管理的过程，属于人力资源管理中的控制与调整职能。它包括：科学、合理的员工绩效考评与素质评估；以考绩与评估结果为依据，对员工使用动态管理，如晋升、调动、奖惩、离退、解雇等。

### （五）开发

这是人力资源开发与管理的重要职能。人力资源开发是指对组织内员工素质与技能的培养与提高，以及使他们的潜能得以充分发挥，最大化地实现其个人价值。它主要包括组织与个人开发计划的制订，组织与个人对培训和继续教育的投入，培训与继续教育的实施，员工职业生涯开发及员工的有效使用。

## 三、人力资源管理中存在的问题

### （一）不重视人力资源管理

很多家族企业，管理层多以家庭成员为主，文化程度、市场化观念和现代企业制度意识都有欠缺，从思想上对人力资源管理不够重视，企业内部也没有明确的人力资源管理制度，管理的随意性较大，甚至认为人力资源部门是花钱的部门，不能产生效益，不愿意将资源和资金投入到人力资源管理上。

### （二）人力资源管理缺少规划

由于中小微企业一般缺乏较明确的发展战略，因此在人力资源管理方面也不可能有明确的计划。在缺少合格人员时，才考虑招聘；在人员素质不符合企业发展需要时，才考虑培训。由于缺少规划，导致人力资源管理上存在较大的随意性，使得人员流动性较大，最终影响了企业正常的生产经营。

### （三）人员的年龄构成和知识结构不合理

很多中小微企业的人员都是靠朋友关系介绍来的，所以都是一个圈子的人，知识结构、世界观都比较接近，有的公司甚至所有的人都是一个专业的。另外，很多中小微企业的老板都很现实，要求人员到岗必须立刻能胜任工作，因此大部分人员的年龄偏大，缺乏朝气和活力。

### （四）岗位职责不明确，一人多职

由于企业没有对岗位进行梳理，岗位描述缺乏或不到位，结果是经常等事情出来了才临时安排人去干，常常不能明确谁该负责，造成要么谁都管，要么谁都不管的现象，还有的企业存在"红人"现象，老板经常什么事都安排关系亲近的人去办。

### （五）人员招聘过程缺乏系统性

由于中小微企业缺乏岗位职责的明确界定，也就无法明确到底需要招聘什么样的人员。首先，由于缺少人力资源规划，因此招聘总是没有充分的准备。其次是招聘程序不严格、不科学，导致招聘中容易出现失误，如有时候人事部门直接决定录用，或者老板直接决定，用人部门不参与招聘过程等现象经常发生。

### （六）人员考核不规范

首先，由于员工的责、权、利不明确，工作职责不清晰，因而企业缺乏衡量部属工作成绩的明确标准，导致考核难以执行和落实。其次，由于没有规范明确的考核制度，考核人无法进行有效的考核，导致考核成为表面形式，无法发挥作用。

### （七）激励措施缺乏科学性

中小微企业的激励措施或行为随意性较大，通常根据管理者的心情或感觉来做，往往使下属无所适从，员工更加茫然，激励行为达不到预期目的。另外，企业内部工资结构往往不能体现出岗位的价值，表现在工资收入与业绩衔接不合理，经常有"大锅饭"的现象存在，所以员工感觉不公平，激励措施执行后，达不到预期效果。

## 四、改进中小微企业人力资源管理的思路

中小微企业要想做好人力资源建设，必须从自身做起。根

据中小微企业自身的发展，每个中小微企业都必须建立起一套人力资源规划体系。具体可以从以下几个方面入手。

### （一）重视人力资源工作

首先，企业要加强学习，人员要参加培训，提高认识，转变思路，树立人力资源开发与管理是企业战略性管理的观念，明确人才是企业发展的关键，强化"以人为本"的意识。其次，结合企业特点设置人力资源管理部门或采取人力资源外包的形式，由专门的人员来行使人力资源管理的职能，使之科学化、规范化。

### （二）做到小而精

现在国内很多中小微企业稍有成功，就只求大，拼命地去扩张。这种经营战略是行不通的，所以很多中小微企业做不了多少年，随着规模的扩大而倒闭了。中小微企业要利用自身优势，将优势发挥到极致，这是中小微企业活得更好的一大法宝。要做精做细，突出自己的优势，才会立于不败之地。

### （三）建立完善的激励机制

员工很多时候是要靠激励才能够发挥最大潜能的，中小微企业要用奖惩制度去激发员工的潜能，让员工的潜能发挥到极致。

### （四）善待员工

善待员工，是留住人才的唯一法宝。这种善待，不仅指精神上给予人才的满足，适当地也要配以物质利益。

### （五）量才而用

很多中小微企业由于每年的营业收入不是很多，过分依靠节支来产生利润，所以不愿高薪聘请一些有真才实干之人，从而导致优秀人才的缺乏。此外，企业要时刻记住要用人的长处，控制人的短处，这是用人必胜之法。

## 第四节 融资管理

融资管理是现代中小微企业财务管理的基本职能之一，是中小微企业资金管理中的重要环节。中小微企业应加强融资管理，拓展融资渠道，利用不同的融资手段和方法，实现中小微企业资产价值最大化，促进中小微企业稳定发展与升级转型。

### 一、中小微企业融资管理现状与存在的问题

#### (一) 难以进入资本市场

中小微企业一般处于初创阶段和发展阶段，规模小、资金实力有限，市场认知度较低；中小微企业自有资产的杠杆价值较低；中小微企业的初创特性决定其参与直接投资资本市场可能性极低。迄今为止，我国也只有为数不多的中小微企业可以通过中小微企业板和创业板上市融资，绝大多数中小微企业无法进入资本市场融资。

#### (二) 融资结构不合理

我国中小微企业的发展主要依靠自身积累，严重依赖内源融资，外源融资比重小；在以银行借款为主渠道的融资方面，借款的形式一般以抵押或担保贷款为主；在借款期限方面，中小微企业一般只能借到短期贷款，若以固定资产投资以科技开发为目的申请长期贷款，则常常被银行拒之门外；正规融资渠道的狭窄和阻塞使许多中小微企业为求发展不得不从民间借高利贷。

#### (三) 企业信用等级低

我国中小微企业大多缺乏规范的财务管理制度和有效的公司治理体系，融资意识淡薄，财务信息真实性差，透明度不高；较重视供、产、销环节的程序控制，而忽视诚信经营问题，信

用观念淡薄；企业发展不稳定，处于产业链下端，大多数中小微企业属于简单加工、制造和服务业，缺乏核心竞争力，影响了中小微企业的偿债能力，造成了其履约能力的下降。

### （四）受外部经济环境影响大

现行上市融资、发行债券、信托融资的法律法规和政策导向不完备，中小微企业板进入门槛也较高；财政扶持力度不足，招商渠道太少，信用担保起步较晚；同时国家加强宏观调控，银根抽紧；沿海城市中小微企业民间的非法融资，导致停产、破产，扰乱了正常的金融秩序，资金流向虚拟经济。

## 二、改善中小微企业融资管理的对策

### （一）处理好政府与银行间的关系

1. 增强抵御市场风险的能力

中小微企业的弱小特点决定了其必须走专业化协作之路，提倡"大产业、大项目、大企业、大平台"，政府继续发挥组织协调优势，中小微企业要根据自身的行业、区域特点建立合适的组织模式与大企业联合，同其形成协作配套关系；或在中小微企业之间开展联合，组成中小微企业联合体或企业集团。只有这样，才能使企业在激烈的市场竞争中增强抵御风险的能力。

2. 进一步拓宽直接融资的渠道

一是建立中小微企业风险投资基金。风险投资的功能在于将社会闲散资金聚集起来，形成一定规模的风险投资。二是鼓励中小微企业间开展金融互助合作。政府通过规定协会的组织职能，鼓励中小微企业进行自助和自律活动。例如，可以成立中小微企业金融互助协会，实行会员制，企业交纳一定会费，可申请得到数倍于入会费的贷款。

3. 构建资信评级体系

建立政府机构掌握的信息共享机制，培育征信市场，设立资信评级机构，培育专业人才，为中小微企业融资提供资信评级服务。

4. 为中小微企业提供全方位的金融服务

银行对中小微企业提供从企业创办、生产经营、贷款回收全过程的金融服务，包括投资分析、项目选择、融资担保、财务管理、资金运作、市场营销等内容。全方位的一条龙服务，将极大地增强中小微企业客户市场竞争力，保证贷款的回收，降低信贷的风险。中小微企业改制与重组是盘活沉淀在中小微企业中的银行债权的重要途径。通过资产换置及变现，部分银行贷款得以回收。

**（二）提升中小微企业自身素质**

1. 守法经营，以诚信铸就品牌

以专业创造价值，夯实管理基础，完善内控机制，调整业务结构，推进业务转型，建立健全资产安全完整维护体系，提高资金使用效率；加强应收账款的管理，对赊销客户的信用进行等级评定，缩短收回账款的时间，防止发生坏账；加强存货的管理，确保存货资金的最佳结构。

2. 拓宽融资渠道

融资渠道分为债务融资、权益融资。债务融资可细分为银行主导融资（含信用贷款、担保贷款、抵押贷款、票据贴现）、债券融资、应收账款质押融资、保理融资等。

3. 防范融资风险

企业自身须增强法律意识，充分认识到融资过程中可能发生的法律风险，要与律师紧密配合，在融资前未雨绸缪，防范非法集资、非法吸收公众存款，防止疏漏和陷阱。应避免为取得贷款做出损害企业利益的行为，如盲目为第三方提供担保。在申请贷款时，不能对银行有不实陈述，不得提供虚假材料，编制不存在的贷款用途，切忌把贷款挪作他用。

## 第五节　做好农产品市场调研

### 一、市场调查的含义

市场调查是指运用科学的方法，有目的、有系统地收集、记录、整理有关市场营销信息和资料，分析市场情况，了解市场的现状及其发展趋势，为市场预测和营销决策提供客观、正确的资料。

### 二、农产品市场信息的分类及来源

农产品市场信息资料一般分为两类：一类为第一手资料，又称原始资料，是调查人员通过现场实地调查所收集的资料；另一类为第二手资料，是他人为某种目的而收集并经过整理的资料。第二手资料的来源包括以下几种。

一是农产品经营企业内部资料，包括企业内部各有关部门的记录、统计表、报告、财务决算、用户来函等。

二是政府机关的统计资料，如统计公报、统计资料汇编、农业年鉴等。

三是公开出版的期刊、文献、报纸、杂志、书籍、研究报告等。

四是农产品市场研究机构、广告公司等公布的资料。

五是农产品行业协会公布的行业信息。

六是农业展览会、展销会公开发送的资料。

七是信息网络、供应商、分销商提供的信息资料。

### 三、农产品市场调查的内容

由于影响农产品经营企业营销的因素很多，所以市场调查的内容非常广泛。凡是直接或间接影响农产品经营企业营销活动、与企业营销决策有关的因素都可能被纳入调查的范围。

### （一）宏观环境发展状况

农产品经营企业是社会经济的细胞，是整个国民经济有机整体的组成部分。社会对农产品品种、规格、质量和数量等各方面的要求，是受整个社会总需求制约的。而社会总需求的动态是与国家的宏观环境直接相关的。

对宏观环境因素的调研，包括对经济环境、自然环境、人口环境、政治法律环境、技术环境、社会文化环境等的调研。

### （二）农产品市场需求状况

农产品的市场需求是指在特定的地理区域、特定的时间、特定的营销环境中，特定的顾客愿意购买的总量，包括现实的需求量和潜在的需求量。因此，市场需求调查包括对消费者的特点进行调查，消费者不同，其需要的特点也不同；还包括对影响用户需要的各种因素进行调查，如购买力、购买动机等。

### （三）农产品销售状况

调查内容包括以下四点。

一是农产品经营企业现有产品所处的生命周期阶段及相应的产品策略、新产品开发情况、产品现阶段销售、成本、售后服务情况以及产品包装、品牌知名度等方面。

二是消费者对农产品可接受的价格水平、对产品价格变动的反应、新产品的定价方法及市场反应、定价策略的运用等。

三是农产品经营企业现有的销售力量是否适应需要、现有的销售渠道是否合理。

四是目前农产品经营企业采用了哪些促销手段，广告销售效果、媒体选择、方案设计调查及相关促销方式调查。

### （四）竞争状况

竞争状况包括行业竞争对手的数量、名称、经济实力、生产能力、产品特点、市场分布、销售策略、市场占有率及其竞争发展战略等。

### 四、农产品市场调查的步骤

对于农产品经营企业经营者来说，市场调查是最基础也是最根本的一个步骤。如果调查的方向和内容错了，将会给企业带来很大的损失。一个好的调查结构，有可能将一个濒临停产的产品拯救回来，并为企业创造收益。

一般来说，市场调查可分为四个阶段：调查前的准备阶段、正式调查阶段、综合分析资料阶段和提出调查报告阶段。

#### （一）调查前的准备阶段

对农产品经营企业提供的资料进行初步的分析，找出问题存在的征兆，明确调查课题的关键和范围，选择最主要也是最需要的调查目标，制订出市场调查的方案。其主要包括：市场调查的内容、方法和步骤，调查计划的可行性、经费预算、调查时间等。

#### （二）正式调查阶段

市场调查内容有多个方面，因农产品经营企业和情况而异，综合起来，分为以下四类。

（1）市场需求调查，即调查农产品经营企业产品在过去几年中的销售总额、现在市场的需求量及其影响因素，要重点进行购买力调查、购买动机调查和潜在需求调查，其核心是寻找市场经营机会。

（2）竞争者情况调查，包括竞争对手的基本情况、竞争对手的竞争能力、经营战略、新产品、新技术开发情况和售后服务情况。

（3）对农产品经营企业经营战略决策执行情况调查，如产品的价格、销售渠道、广告及推销方面情况、产品的商标及外包装情况、存在的问题及改进情况。

（4）政策法规情况调查，政府政策的变化，法律、法规的实施，都对农产品经营企业有重大影响。例如，税收政策、银行信用情况、能源交通情况、行业的限制等，都和农产品经营企业、产品关系重大，也是市场调查不可分割的一部分。

### （三）综合分析资料阶段

当统计分析研究和现场直接调查完成后，市场调查人员拥有大量的一手资料。对这些资料首先要编辑，选取一切有关的、重要的资料，剔除没有参考价值的资料。其次，对这些资料进行编组或分类，使之成为某种可供备用的形式。最后，把有关资料用适当的表格形式展示出来，以便说明问题或从中发现某种典型的模式。

### （四）提出调查报告阶段

经过对调查材料的综合分析整理，便可根据调查目的撰写出一份调查报告，得出调查结论。特别需要注意的是，调查人员不应当把调查报告看作市场调查的结束，而应继续注意市场情况变化，以检验调查结果的准确程度，并发现新的市场趋势，为改进以后的调查打好基础。

# 第六节 农产品包装

大多数的农业经营者不重视农产品的包装工作。其实，包装对于农产品销售十分重要。一方面，包装可增加农产品的美观度，提高产品档次；另一方面，包装可以保质保鲜，延长农产品的储存时间，有利于农产品的销售。因此，企业要充分重视农产品的包装工作，设计符合农产品特色和风味的包装，增加农产品的价值，提高农产品的价格。

## 一、产品包装标准化

小小包装赚大钱。可通过包装增值，提高农产品的品位，增强市场竞争力。同样的产品，通过简单包装就能明显起到增值的效果。生产者、销售者应充分认识到这个问题，包装不仅仅可以保护产品，而且可以增加美观度与盈利，便于储运，促进销售。目前，大部分农产品不配备包装，或是包装过于简陋，而产品通过包装可以充分区别于其他农产品的外观，更利于顾客的认知，能很好地体现出本产品的独特个性。因此，包装的宣传作用不容小觑。农产品营销过程中应突出产品的个性与特性，而包装就是一个很好的载体。

## 二、农产品常用包装策略

现代商品经济社会，包装对商品流通起着极其重要的作用，包装质量直接影响到商品能否以完美的状态传输到消费者手中，包装的设计和装潢水平直接影响企业形象乃至商品本身的市场竞争力。随着人民生活水平的提高，原有消费习惯和生活方式开始不断改变。为适应这种变化，包装设计的一项重要任务就是更好地符合消费者的生理与心理需要，通过更人性化的包装设计让人们的生活更舒适、更富有色彩。因此，在农产品的包装上，要制定好包装策略，因为选择不同的包装策略将得到不同的包装效果。

### （一）突出食品形象的包装策略

突出食品形象，是指在食品包装上通过多种表现方式突出该食品是什么、有什么功能、内部成分和结构如何等形象要素的表现方式。这一策略着重于展示食品的直观形象。随着购买过程中自主选择空间的不断增大、新产品的不断涌现，厂商很难将所有产品的全部信息都详细地向消费者介绍，但通过在包装上再现产品品质、功用、色彩、美感等策略，可有助于商品充分地传达自身信息，给选购者直观印象，以产品本身的魅力吸引消费者，缩短选择的过程。

### （二）突出食品用途和使用方法的包装策略

突出食品用途和使用方法的策略是通过包装的文字、图形及其组合告诉消费者，该食品是什么样的产品，有什么特别之处，在哪种场合使用，如何使用最佳，使用后的效果是什么。这种包装策略给人们简明易懂的启示，让人一看就懂、一用就会，并有知识性和趣味性，比较受消费者的欢迎。

### （三）展示企业整体形象的包装策略

企业形象对产品营销具有四两拨千斤的作用，因此，很多企业从产品经营之初就注重企业形象的展示与美誉度的积淀。这种包装策略企业文化积淀比较深厚，有的企业挖掘企业文化较好，并且能与开发的食品有机地融合在一起来宣传，达到了既展示企业文化又介绍了产品的目的，给消费者留下了深刻印象，有利于促销。

### （四）突出食品特殊要素的包装策略

任何一种商品化的食品都有一定的特殊背景，如历史、地理背景，人文习俗背景，神话传说或自然景观背景等，包装设计中若能恰如其分地运用这些特殊要素，就能有效地区别同类产品，同时使消费者将产品与背景进行有效链接，迅速建立概念。这种包装策略若运作得好，可使人产生联想，有利于增强人们购买的欲望，扩大销路。

# 第七节　农产品定价

## 一、农产品定价程序

在选择了合适的定价目标后，要综合考虑各种因素，对农产品市场需求、成本、市场竞争状况进行测定，最后运用科学的方法确定产品价格。

**（一）测定市场对该产品的需求状况**

供不应求的产品，定价可以稍高些；供需正常者，定价可以稍低，以吸引需求，提高市场占有率。测定市场需求，首先要进行深入细致的市场调查，正确估计价格变动对销售量的影响程度，从而为后续定价的顺利进行提供依据。

**（二）测算成本**

在农产品的价格构成中，成本所占比重最大，是定价的基础。要根据成本类型，全面分析不同生产条件下生产成本变化情况，估算不同营销组合下的农产品成本，以此作为定价的重要依据。

**（三）分析竞争者的产品与价格**

预测竞争者的反应对竞争者产品与价格的分析，可通过了解消费者对其产品与价格的态度来实现。并重点调查分析市场上同一产品竞争者可能做出的反应，以及替代产品的生产等情况。

**（四）确定预期市场占有率**

产品的生产占有率状况，影响着定价的方法和策略的选择。因此，在定价之前，必须通过调查研究，确定本企业产品的市场占有率，并根据自己的实力大小，选择价格策略。

**二、农产品定价策略**

农产品定价是营销策略中的一个十分重要的问题，它不仅关系到新产品能否顺利进入市场和占领市场，而且还会影响到可能出现的竞争者数量。常见的新产品定价策略主要如下。

**（一）撇脂定价策略**

撇脂定价策略又称高价厚利策略，就是将新上市的产品价格定得较高，使单位价格中含有较高的利润，以便在短期内获得尽可能多的投资回报。如 1995 年山东寿光市农民赵某从外地引种了当地没有的苦瓜并获得成功，元旦前后收获的苦瓜全被周围农民和外地商贩高价抢购，每 1 000 克卖价高达 60 元。后来，农民便开始纷纷种植苦瓜，于是苦瓜价格也随之快速下跌，但此时的赵某已获得高额回报。

1. 撇脂定价策略的优点

（1）新产品初上市时，需求弹性小，竞争者尚未进入市场，利用顾客求新求异的心理，以较高的价格刺激消费，有助于开拓市场。

（2）由于价格较高，可以在较短的时间内获取较多利润，有利于尽快收回投资。

（3）由于开始定价较高，当大批竞争者进入时，可以主动降价，增强自身的竞争能力。

（4）这种先高价后低价的策略，顺应了顾客接受降价容易，接受提价难的心理。

2. 撇脂定价策略的缺点

（1）在新产品尚未建立起声誉时，高价策略不利于打开市场。

（2）如果新产品上市后销售旺盛，高利润会引来大批的竞争者。运用撇脂定价策略一般需要具备以下条件：一是产品为独家生产，市场上没有竞争者；二是产品需求弹性较小，或者市场机会极好。

（二）渗透定价策略

渗透定价策略又称薄利多销策略。它与撇脂定价策略正好相反，即把新上市产品的价格定得较低，以利于为市场所接受，迅速打开市场，并且稳定地占领市场。因此，它谋求的是长期稳定的利润。

1. 渗透定价策略的优点

（1）低价策略可以迎合消费者求实求廉的心理，从而使产品凭借价格的优势，迅速打入市场，扩大销售。

（2）低价薄利使竞争者感到无利可图，能够有效地阻止竞争者进入市场，有利于营销者取得市场支配地位。

2. 渗透定价策略的缺点

（1）投资回收期较长，见效慢，价格变化余地小。

（2）一旦不能如预期的那样迅速占领市场，或是遇上强有力的竞争对手，则可能遭受重大损失。

3. 采用渗透定价策略适应的条件

（1）产品需求弹性大，销路广，市场需求量大。

（2）生产技术已经公开，并且易于生产的产品。

（3）营销者有较强实力，并且大批生产成本会大幅度下降的产品。

**（三）满意定价策略**

满意定价策略又称温和定价策略。该策略就是为新产品制定一个适中的价格，使顾客比较满意，生产者又能获得适当的利润。因此，它是一种普遍使用、简单易行的定价策略。

满意定价策略适合于产销比较稳定的产品。它既可以避免撇脂定价因价格过高带来的风险，又可以避免渗透定价因价格过低造成的收益减少。其缺点是有可能造成高不成、低不就的尴尬状况，对消费者缺少吸引力，难以在短期内打开销路。

# 第八节　农产品网络营销

## 一、微信营销

微信营销是现代一种低成本、高性价比的营销手段。与传统营销方式相比，微信营销主张通过"虚拟"与"现实"的互动，建立一个涉及研发、产品、渠道、市场、品牌传播、促销、客户关系等更"轻"、更高效的营销全链条，整合各类营销资源，达到了以小博大、以轻博重的营销效果。

微信"朋友圈"分享功能的开放，为分享式口碑营销提供了最好的渠道。微信用户可以将手机应用、PC 客户端、网站中的精彩内容快速分享到朋友圈中，并支持网页链接方式打开。

微信开放平台+朋友圈的社交分享功能的开放，已经使得微信作为一种移动互联网上不可忽视的营销渠道，而微信公众平台的上线，则使这种营销渠道更加细化和直接。通过一对一的关注和推送，公众平台方可以向"粉丝"推送包括新闻资讯、产品消息、最新活动等信息，甚至能够完成包括咨询、客服等功能，形成自己的客户数据库，使微信成为一个称职的 CRM 系统。目前商家和媒体等可以通过发布公众号二维码，让微信用户随手订阅公众平台账号，然后通过用户分组和地域控制，平台方可以实现精准的消息推送，直指目标用户，再借助个人关注页和朋友圈，实现品牌的快速传播。

## 二、文化营销

文化营销系一组合概念，简单地说，就是利用文化力进行营销，是指企业营销人员及相关人员在企业核心价值观念的影响下，所形成的营销理念，以及所塑造出的营销形象，两者在具体的市场运作过程中所形成的一种营销模式。

文化营销是指把商品作为文化的载体，通过市场交换进入消费者的意识，它在一定程度上反映了消费者对物质和精神追求的各种文化要素。文化营销既包括浅层次的构思、设计、造型、装潢、包装、商标、广告、款式，又包含对营销活动的价值评判、审美评价和道德评价。

它包括三层含义。

企业需借助于或适应于不同特色的环境文化开展营销活动。

文化因素需渗透到市场营销组合中，综合运用文化因素，制定出有文化特色的市场营销组合。

企业借助商品，将自身的企业文化推销给广大的消费者，使企业能够更好地被广大的消费者所接受。

### 三、体验营销

体验经济是 20 世纪末才首次提出的经济理论，是人类社会进入的一个新的经济阶段。在体验经济中，体验将被作为一种经济提取物进行销售。在体验经济阶段，体验营销是适合这个经济阶段的新的营销方式。企业在体验营销中，更加注重顾客的精神需求，完全以顾客为中心。体验营销在企业中的运用非常广泛，迄今为止，已经有超过包括可口可乐、苹果、星巴克在内的 100 多家世界知名企业正在进行体验营销。我国房地产行业、旅游行业、IT 行业都在使用体验营销，例如海尔、TCL、万科等一些知名企业已经取得了良好的成绩。体验营销能够为企业的发展产生积极影响。

农业在我国经济中占有重要的地位，农产品市场的健康发展有利于我国经济的增长。本书希望通过对农产品体验营销应用研究，将体验营销引入农产品行业，开阔我国农产品企业的视野，能够使农产品企业能够转变现有的营销思路，换一个角度来看待农产品营销，使我国农产品企业走上快速发展的良性轨道，创造价值，提供更好的产品及服务，更好的满足消费者的需求，获得更好的企业利润。本书分析了农产品营销的现状，从理论角度提出了利用体验营销发展我国农产品企业，结合顾客价值理论和体验营销策略，提出了体验营销在农产品企业中实施的流程，使农产品企业在实施体验营销过程中有一个理论指导，并提出了产品、感官、情感、思考、行动、关联和定制化的策略，以促进农产品企业的蓬勃发展。

## 四、博客营销

所谓博客营销，也称拜访式营销，它是基于博客这种网络应用形式的营销推广。企业通过博客这种平台向目标群体传递有价值的信息，最终实现营销目标的传播推广过程。博客作为一种新的营销平台，其核心是互动、身份识别和招展。博客的优点在于针对性强、性价比高、更容易抓住目标群体的眼球。

博客自 2002 年引入中国以来，发展迅猛。据中国互联网络信息中心（CNNIC）数据显示，截至 2014 年 6 月，博客应用在网民中的用户规模达到 44 430 万人，使用率为 69.4%。博客不仅是网民参与互联网互动的重要体现，也是网络媒体信息渠道之一。博客以其真实性与交互性成为越来越多的网民获取信息的主要方式之一。博客的巨大影响力也使越来越多的企业意识到博客的重要性，并逐渐参与到博客营销的热潮中来，通过博客来树立企业在网民心目中的形象。

从某种意义上说，企业博客营销是站在"巨人"肩膀上进行的营销。因为博客一般都是建在新浪、搜狐、网易、腾讯等大型门户网站的平台上或者博客园、中国博客网等专业的博客平台上。首先，这些平台本身就增加了网民对企业博客的信赖感。其次，一旦企业博客的内容被推荐到网站首页或者博客频道的首页，企业就会被更多的网民所关注。

## 五、微博营销

利用微博可以进行个人微博营销和企业微博营销。微博营销的营销技巧体现在以下 10 个方面。

### （一）微博的数量不在于多而在于精

做微博时要讲究专注，因为一个人的精力是有限的，杂乱无章的内容只会浪费时间和精力，所以我们要做精，重拳出击才会取得好的效果。今天一个主题，明天一个主题，换来换去结果一个也做不成功。

## （二）个性化的名称

一个好的微博名称不仅便于用户记忆，也可以取得不错的搜索流量。这跟我们结网站取名类似，好的网站名称都是简洁、易记的。当然，企业如果准备建立微博，在微博上进行营销，那么可以取为企业名称、产品名称或者个性名称来作为微博的用户名称。

## （三）巧妙地利用模板

一般的微博平台都会提供一些模板给用户，企业可以选择与行业特色相符合的风格，这样更贴切微博的内容。当然，如果企业有能力自己设计一套有自己特色的模板风格也是不错的选择。

## （四）使用搜索检索，查看与自己相关的内容

每个微博平台都会有自己的搜索功能，我们可以利用该功能对自己已经发布的话题进行搜索，查看一下自己内容的排名榜，与别人微博的内容进行对比。企业可以看到微博的评论数量、转发次数，以及关键词的提到次数，这样可以了解微博带来的营销效果。

## （五）定期更新微博信息

微博平台一般对发布信息的频率没有限制，但对于营销来说，微博的热度和关注度来自于微博的可持续话题，所以要不断制造新的话题，发布与企业相关信息，这样才可以吸引目标客户的关注。因为刚发的信息可能很快被后面的信息覆盖，所以要想长期吸引客户的注意，必须要对微博定期进行更新，这样才能保证微博的可持续发展。

## （六）善于回复客户的评论

企业要及时查看并回复微博上客户的评论，在自身被关注

的同时也去关注客户的动态，既然是互动，那就得相互动起来，才会有来有往。如果企业想获取更多的评论，就要以积极的态度去对待评论，回复评论也是对客户的一种尊重。

### （七）灵活运用微博符号

微博中发布内容时，两个间的文字是话题的内容，企业可以在后面加入自己的见解。如果要把某个活跃用户引入，可以使用"@"符号，意思是"向某人说"，如"@微博用户欢迎您的参与"。在微博菜单中点击"@我的"，就能查看提到自己的话题。

### （八）学会使用私信

与微博的文字限制相比较，私信可以容纳更多的文字。只要对方是企业的客户，企业就可以通过发私信的方式将更多的内容通知对方。因为私信可以保护收信人和发信人的隐私，所以当活动展开时，发私信的方法会显得更尊重客户一些。

### （九）确保信息真实与透明

在搞一些优惠活动和促销活动时，当以企业的形式发布，要即时兑现，并公开得奖情况，获得客户的信任。微博上发布的信息要与网站上面一致，并且在微博上及时对活动进行跟踪报道，确保活动的持续开展，以吸引更多客户的加入。

### （十）不能只发产品企业或广告内容

有的微博很直接，天天发布大量的产品信息或者广告宣传等内容，基本没有自己的特色。这种微博虽然别人知道企业是做什么的，但是绝不会加以关注。微博不是单纯广告平台，微博的意义在于信息分享，没兴趣是不会产品互动的。企业应当注意话题的娱乐性、趣味性和幽默感等。

# 第六章 健康生活

## 第一节 健康的生活方式

### 一、刷牙时间

饭后三分钟是漱口、刷牙的最佳时间。这时候口腔里的食物开始分解食物残渣，产生的酸性物质容易腐蚀牙釉质，使牙齿受到损害。夜晚刷牙比清晨刷牙好。因为，白天吃东西，有的东西会堵塞在牙缝里，如果睡前不刷牙，食物经过一夜发酵腐烂，细菌大量繁殖，产生的乳酸会严重腐蚀牙龈，引起龋齿病（即虫牙）或牙周炎。所以夜晚刷牙好。

### 二、牛奶时间

牛奶含有丰富的钙。睡觉前饮用，可补偿夜间血钙的低落状态，保护骨骼。同时，牛奶有催眠的作用。早晨喝杯牛奶补充一上午的蛋白质及能量等让早餐更营养健康。但最好不要只喝牛奶以免浪费优质蛋白被充当直接能量消耗掉，所以吃点面包等含碳水化合物的食品是有必要的。

### 三、水果时间

吃水果的最佳时间是饭前 1 小时。水果属于生食，最好吃生食后再吃熟食。注意，是饭前 1 小时左右，而不是吃完水果紧接着吃正餐哦！

### 四、喝茶时间

喝茶的最佳时间是用餐后 1 小时后。饭后马上喝热茶，并不是很科学。因为茶中的鞣酸可与食物中的铁结合，变成不溶性的铁盐，干扰人体对铁的吸收。

### 五、散步时间

饭后 45 分钟至 1 小时，散步 20 分钟，热量消耗最大。如果在饭后两小时再散步，效果会更好。注意，最好不要刚吃完就立刻散步。

### 六、洗澡时间

每天晚上睡觉前，冲一个温水澡，能使全身的肌肉放松，减轻疲劳，也能减轻压力。

### 七、锻炼时间

傍晚锻炼最为有益，原因是：人类的体力发挥或身体的适应能力，都以下午或接近黄昏时分为最佳。此时，人的味觉、视觉、听觉等感觉最敏感，全身协调能力最强，尤其是心率与血压都较平稳，最适宜锻炼。

## 第二节　保持良好的身心健康

随着时代的发展和科学技术的进步，温饱问题逐渐得到解决，慢慢步入了小康社会，人们也就越来越重视自己的健康。因为没有健康，就无法拥有财富、爱情和幸福，也等于失去一切。究竟什么是健康呢？一般人不一定完全了解，因为健康并不单单是以前大家理解的所谓不生病就是健康。

世界卫生组织就明确指出：健康不仅是没有疾病或虚弱，它是一种在躯体上、心理上和社会等各个方面都能保持完全和谐的状态。可见，全面健康至少应包括身体健康和心理健康两个方面，二者密切相关，无法分割；而具有社会适应能力也是国际上公认的心理健康的首要标准，即要求个体的各种活动和行为能适应复杂的环境变化，与他人相处和谐。三者缺一不可，这就是健康概念的精髓。

## 一、心理健康的标准

### （一）了解自我，悦纳自我

一个心理健康的人能体验到自己的存在价值，既能了解自己，又能接受自己，对自己的能力、性格和优缺点都能做出恰当的、客观的评价；对自己不会提出苛刻的、非分的期望与要求；对自己的生活目标和理想也能定得切合实际，因而对自己总是满意的；同时，努力发展自身的潜能，即使对自己无法补救的缺陷，也能安然处之。一个心理不健康的人则缺乏自知之明，并且总是对自己不满意；由于所定目标和理想不切实际，主观和客观的距离相差太远而总是自责、自怨、自卑；由于总是要求自己十全十美，而自己却又总是无法做到完美无缺，于是就总是同自己过不去，结果是使自己的心理状态永远无法平衡，也无法摆脱自己感到将要面临的心理危机。

### （二）接受他人，善与人处

心理健康的人乐于与人交往，不仅能接受自我，也能接受他人、悦纳他人，能认可别人存在的重要性和作用，同时也能为他人所理解，为他人和集体所接受，能与他人相互沟通和交往，人际关系协调和谐。在生活的集体中能与大家融为一体，既能在与挚友同聚之时共享欢乐，也能在独处沉思之时而无孤独之感。因而在社会生活中有较强的适应能力和较充足的安全感。一个心理不健康的人，总是自外于集体，与周围的人们格格不入。

### （三）正视现实，接受现实

心理健康的人能够面对现实，接受现实，并能主动地去适应现实，进一步地改造现实，而不是逃避现实。能对周围事物和环境做出客观的认识和评价，并能与现实环境保持良好的接触，既有高于现实的理想，又不会沉湎于不切实际的幻想与奢望中，同时对自己的力量有充分的信心，对生活、学习和工作中的各种困难和挑战都能妥善处理。心理不健康的人往往以幻想代替现实，而不敢面对现实，没有足够的勇气去接受现实的挑战，总是抱怨自己"生不逢时"或责备社会环境对自己不公而怨天尤人，因而无法适应现实环境。

### （四）热爱生活，乐于工作

心理健康的人能珍惜和热爱生活，积极投身于生活，并在生活中尽情享受人生的乐趣，而不会认为是重负。他们还在工作中尽可能地发挥自己的个性和聪明才智，并从工作的成果中获得满足和激励，把工作看做乐趣而不是负担；同时也能把工作中积累的各种有用的信息、知识和技能存储起来，便于随时提取使用，以解决可能遇到的新问题，克服各种各样的困难，使自己的行为更有效率，工作更有成效。

### （五）能协调与控制情绪，心境良好

心理健康的人，愉快、乐观、开朗、满意等积极情绪总是占优势的，虽然也会有悲、忧、愁、怒等消极情绪体验，但一般不会长久；同时能适度地表达和控制自己的情绪，喜不狂、忧不绝、胜不骄、败不馁，谦而不卑，自尊自重。他们在社会交往中既不妄自尊大，也不退缩畏惧；对于无法得到的东西不过于贪求，争取在社会允许范围内满足自己的各种需要；对于自己能得到的一切感到满意，心情总是开朗、乐观的。

### （六）人格完整和谐

心理健康的人，其人格结构包括气质、能力、性格和理想、信念、动机、兴趣、人生观等各方面能平衡发展。人格作为人的整体的精神面貌，能够完整、协调、和谐地表现出来；思考

问题的方式是适中和合理的，待人接物能采取恰当灵活的态度，对外界刺激不会有偏颇的情绪和行为反应；能够与社会的步调合拍，也能和集体融为一体。

### （七）智力正常，智商在 80 以上

智力正常是人正常生活最基本的心理条件，是心理健康的重要标准。智力是人的观察力、记忆力、想象力、思考力和操作能力的综合。一般常用智力测验来诊断智力发展的水平。智商低于 70 者为智力低下。

### （八）心理行为符合年龄特征

在人的生命发展的不同年龄阶段，都有相对应的不同的心理行为表现，从而形成不同年龄阶段独特的心理行为模式。心理健康的人应具有与同年龄多数人相符合的心理行为特征。如果一个人的心理行为经常严重偏离自己的年龄特征，一般是心理不健康的表现。

## 二、养生之道

养生是一项系统性活动，需要从多方面入手，不能只注重一个方面而忽视其他方面，要根据自己的身心条件，去选择适合本人的养生方法。尽管方法很多，但归纳起来，主要有调控养生、文化养生、运动养生、饮食养生、药物养生五方面的内容。

调控养生是通过对心理平衡的调节和生活起居的周密安排，达到健康长寿的目的。主要是调控精神、调控动静、调控饮食，人的精神因素是人生命活动的一根支柱，它直接影响人的生活和健康。性格开朗、心情舒畅、豁达乐观的精神可以起到增强人的整个精神系统的统率作用，使机体各器官的活动协调一致，内分泌正常，新陈代谢良好，有益怯病延寿。反之，精神紧张、情绪压抑、忧郁苦闷，则会导致人的精神系统功能的紊乱、内

分泌失调、免疫力下降，导致人身体虚弱而患疾病。运动使生命之钟走得更准确更长久，运动可以提高免疫力，促进消化吸收与新陈代谢，使人的体格健壮，精力充沛，减少各种疾病。饮食是维持生命所必需的，合理的饮食习惯有利于健康，可延年宜寿。

**（一）春季饮食要养"阳"**

也就是说，在饮食方面，适宜多吃些能温补阳气的食物。以葱、蒜、韭、大枣、山药等菜，杂和而食。春季养生要注重养肝。立春时节，人体的生理变化主要是：一是气血活动加强，新陈代谢开始旺盛；二是肝主藏血、肝主疏泄的功能逐渐加强，人的精神活动也开始变得活跃起来。立春养肝除了注意饮食、起居、运动外，情绪的好坏也很重要。因为春季阳气生发速度开始多于阴气的速度，所以，肝阳、肝火也处在了上升的势头，需要适当地释放。肝是喜欢疏泄讨厌抑郁的，生气发怒就容易肝脏气血瘀滞不畅而导致各种肝病，"怒伤肝"就是这个道理。进入春天后，保持心情舒畅，就能让肝火流畅地疏泄出去，如果常常发脾气特别是暴怒，就会导致肝脏功能波动，使火气旺上加旺，火上浇油，伤及肝脏的根本。所以，春季一定要做到心平气和、乐观开朗，如果生气了，要学会息怒，即使生气也不要超过3分钟。

**（二）夏季饮食要消"火"**

增加一些苦味食物。苦味食物中所含的生物碱具有消暑清热、促进血液循环、舒张血管等药理作用。热天适当吃些苦瓜、苦菜，以及啤酒、茶水、咖啡、可可等苦味食品，不仅能清心除烦、醒脑提神，且可增进食欲、健脾利胃。营养学家建议：高温季节最好每人每天补充维生素 $B_1$、维生素 $B_2$ 各 2 毫克，维生素 C 50 毫克，钙 1 克，这样可减少体内糖类和组织蛋白的消耗，有益于健康。也可多吃一些富含上述营养成分的食物，如西瓜、黄瓜、番茄、豆类及其制品、动物肝肾、皮等，亦可饮用一些果汁。不可过食冷饮和饮料，气候炎热时适当吃一些冷饮或喝饮料，能起到一定的祛暑降温作用。雪糕、冰砖等是用牛奶、蛋粉、糖等制成的，不可食之过多，过食会使胃肠温度下降，引起不规则收缩，诱发腹痛、腹泻等疾患。饮料品种较多，大都营养价值不高，还是少饮为好，多饮会损伤脾胃，影响食欲，甚至可导致胃肠功能紊乱。勿忘补钾，暑天出汗多，随汗液流失的钾离子也较多，由此造成的低血钾现象，会引起倦怠无力、头昏头痛、食欲不振等症状。热天防止缺钾最有效的方法，是多吃含钾食物，新鲜蔬菜和水果中含有较多的钾，可酌情吃一些草莓、杏子、荔枝、桃子、李子等水果；蔬菜中的青菜、大葱、芹菜、毛豆等含钾也丰富。茶叶中亦含有较多的钾，热天多饮茶，既可消暑，又能补钾，可谓一举两得。膳食最好现做现吃，生吃瓜果要洗净消毒。在做凉拌菜时，应加蒜泥和醋，既可调味，又能杀菌，而且增进食欲。饮食不可过度贪凉，以防病原微生物趁虚而入。热天以清补、健脾、祛暑化湿为原则。应选择具有清淡滋阴功效的食品，如鸭肉、鲫鱼、虾、瘦肉、食用蕈类（香菇、蘑菇、平菇、银耳等）、薏米等。此外，亦可进食一些绿豆粥、扁豆粥、荷叶粥、薄荷粥等"解暑药粥"，有一定的祛暑生津功效。

### （三）秋季饮食要重"润"

秋季饮食重在养肺润燥，少吃辛辣油腻，多吃蔬菜水果。传统中医认为，秋季饮食应贯彻"少辛多酸"的原则，以平肺气、助肝气，以防肺气太过胜肝，使肝气郁结。尽可能少食用葱、姜、蒜、韭、椒等辛味之品，不宜多吃烧烤，以防加重秋燥症状。秋季也最易便秘，应当多吃蔬菜、水果，可以多食用芝麻、糯米、蜂蜜、荸荠、葡萄、萝卜、梨、柿子、莲子、百合、甘蔗、菠萝、香蕉、银耳等。

秋季养生适宜多摄取的食物有如下几类：一是养肺润燥平

补的食物：鸭肉、猪肉、猪肺、泥鳅、鹌鹑蛋、牛奶、花生、杏仁、山药、白木耳、百合、冰糖、蜂蜜、无花果、胡萝卜等。二是清肺润燥的食物：鸭蛋、白萝卜、菠菜、冬瓜、丝瓜、白菜、蘑菇、紫菜、梨子、柿子、柿饼、罗汉果、橙子、柚子等。三是秋燥引起肺气虚时，可多选用百合、薏米、淮山药、蜂蜜等补益肺气；肺阴虚时应多选用核桃、芡实、瘦肉、蛋类、乳类等食物滋养肺阴；如伤及胃阴肝肾阴精时，可用芝麻、雪梨、藕汁及牛奶、海参、猪皮、鸡肉等分别滋养胃阴及肝肾阴精。

### （四）冬季饮食要重"补"

冬令进补，是我国传统的防病强身、扶持虚弱的自我保健方法之一。冬季，气候寒冷，阴盛阳衰。人体受寒冷气温的影响，机体的生理功能和食欲等均会发生变化。由于中老年人生理上的变化，在隆冬季节，对于高压低温气候的调节适应能力，远比青年人为差，容易影响体内平衡，产生血管舒缩功能障碍，从而引起种种不适或疾病。因此，在注意生活起居等方面养生的同时，合理地调整饮食，保证人体必需营养素的充足，对提高老人的耐寒能力和免疫功能，使之安全、顺利地越冬，是十分必要的。养生专家给出了如下建议。

冬季饮食应保证能量的供给，冬季气候寒冷，阴盛阳衰。人体受寒冷气温的影响，肌体的生理功能和食欲等均会发生变化。因此，合理地调整饮食，保证人体必需营养素的充足，对于提高老人的耐寒能力和免疫功能，是十分必要的。老年人在冬季进补时，首先要保证热能的供给。冬天的寒冷气候影响人体的内分泌系统，使人体热量散失过多。老年人冬天晨起服人参酒或黄芪酒一小杯，可防风御寒活血。体质虚弱的老年人，冬季常食炖母鸡、精肉、蹄筋，常饮牛奶、豆浆等，可增强体质。将牛肉适量切小块，加黄酒、葱、姜，用砂锅炖烂，食肉喝汤，有益气止渴、强筋壮骨、滋养脾胃之功效。阳气不足的老人，可将羊肉与萝卜同煮，然后去掉萝卜（即用以除去羊肉的膻腥味），加肉苁蓉 15 克、巴戟肉 15 克、枸杞子 15 克同煮，食羊肉饮汤，有兴阳温运之功效。

# 第三节　合理饮食

## 一、肉的吃法

关于肉的负面报道在最近几年里越来越多，先是食品安全方面出现了口蹄疫、疯牛病、禽流感、吃深海鱼导致汞中毒等事件，接着在营养方面"吃红肉容易得肠癌"的相关报道又出现在各大报章。营养学家们也总是警告"中国人吃肉太多"。除了猪、牛、羊等红肉中脂肪含量过高外，肉类中还含有嘌呤碱，这类物质在体内的代谢中会生成尿酸。尿酸大量积聚，会破坏肾毛细血管的渗透性，引起痛风、骨发育不良等疾病。最新的研究还表明，过量吃肉会降低机体免疫力，使人体对各种疾病难以抵抗。

肉是我们在日常营养中获得蛋白质和能量的重要来源，喜欢吃肉的人当然应该照吃不误。不过，吃的时候也要多了解点和安全有关的知识，尽量减少可能的为害。例如，疯牛病的病原体主要出现在牛的脑部、脊髓、视网膜等神经组织，我们在吃牛的这些部位时，就要格外小心。另外，牛体内一旦感染了疯牛病毒，要消灭极其不易，即使把牛肉煮熟，也无济于事。所以，对于来自疫区或来路不明的牛肉千万别吃。禽流感的病毒就没这么厉害了。它就像感冒病毒一样，主要由飞沫传染，无论是鸡肉还是鸡蛋，只要煮得时间长点就可以杀死病毒。所以，吃鸡肉时最重要的一点，就是记得多煮一会儿。吃深海鱼导致汞中毒则主要与海洋污染越来越严重有关，因此，吃鱼时有几个部位是我们应格外注意的，最好别吃。如鱼鳃、鱼皮和鱼的脂肪，这些都是污染物容易堆积的部位。畜肉不如禽肉，禽肉不如鱼肉。营养学家们建议，吃肉时应遵循的一条重要原则是：吃畜肉不如吃禽肉，吃禽肉不如吃鱼肉，吃鱼肉不如吃虾肉。畜肉中，猪肉的蛋白质含量最低，脂肪含量最高，即使是"瘦肉"，其中肉眼看不见的隐性脂肪也占28%。因此，某些需要限制脂肪酸摄入量的心血管、高血脂病患者，千万不要以为吃"瘦肉"就是安全的。此外，吃猪肉时最好与豆类食物搭配。因为豆制品中含有大量卵磷脂，可以乳化血浆，使胆固醇与脂肪颗粒变小，悬浮于血浆中，不向血管壁沉积，能防止硬化斑块形成。禽肉是高蛋白低脂肪的食物，特别是鸡肉中赖氨酸的含量比猪肉高13%。鸡肉最有营养的吃法就是熬汤，还能起到医疗效果：可振奋人的精神，消除疲劳感，治疗抑郁症；加速鼻咽部的血液循环，增强支气管的分泌液，有利于清除侵入呼吸道的病毒，缓解感冒症状。而鹅肉和鸭肉不仅总的脂肪含量低，所含脂肪的化学结构与猪肉也不同，更接近橄榄油，主要是不饱和脂肪酸，能起到保护心脏的作用。鱼肉是肉食中最好的一种。它的肉质细嫩，比畜肉、禽肉更易消化吸收，对儿童和老人尤为适宜。此外，鱼肉的脂肪含量低，不饱和脂肪酸占总脂肪量的80%，对防治心血管疾病大有裨益。鱼肉脂肪中还含有一种二十二碳六烯脂肪酸，对活化大脑神经细胞，改善大脑机能，增强记忆力、判断力都极其重要。因此，人们常说吃鱼有健脑的功效。按照合理的饮食标准，每人每天平均需要动物蛋白44~45克。这些蛋白除了从肉中摄取外，还可以通过牛奶、蛋类等补充。因此，每天最好吃一次肉菜，而且最好在午餐时吃，肉量以100克左右为宜。再在早餐或晚餐时补充点鸡蛋和牛奶，就完全可以满足身体一天对动物蛋白的需要了。

## 二、鸡蛋的吃法

鸡蛋，是天然食物中富含大量的维生素和矿物质及有高生物价值的蛋白质。是人类最好的营养来源之一。总的来说，鸡蛋的功效可以概括为健脑、延年、益智、保护肝脏以及防治动脉硬化等疾病，还有就是预防癌症，但在我们日常的鸡蛋吃法中，有六大错误的吃法。一是生吃。有些人觉得，食物一经煮熟，就会流失其营养价值，有人认为生吃鸡蛋可以获取比熟鸡蛋更多的营养价值，其实不然，生吃鸡蛋很可能会把鸡蛋中含有的细菌（例如大肠杆菌）吃进肚子去，造成肠胃不适并引起腹泻。并且，鸡蛋的蛋白含有抗生物素蛋白，需要高温加热破坏，否则会影响食物中生物素的吸收，使身体出现食欲不振、全身无力、肌肉疼痛、皮肤发炎、脱眉等症状。二是隔夜。鸡蛋其实是可以煮熟了之后，隔天再重新加热再吃的。但是，半生熟的鸡蛋，在隔夜了之后吃却不行，鸡蛋如果没有完全熟透，在保存不当的情形下容易滋生细菌，如造成肠胃不适、胀气等情形。也有人认为鸡蛋煮越久越好，这也是错误的。因为鸡蛋煮的时间过长，蛋黄中的亚铁离子与蛋白中的硫离子化合生成难溶的硫化亚铁，很难被吸收。三是过量。鸡蛋含有高蛋白，如果食用过多，可导致代谢产物增多，同时也增加肾脏的负担，造成肾脏机能的损伤。所以一般老年人每天吃 1~2 个鸡蛋为宜。中青年人、从事脑力劳动或轻体力劳动者，每天可吃 2 个鸡蛋；从事重体力劳动者，每天可吃 2~3 个鸡蛋；少年儿童由于长身体，代谢快，每天也应吃 2~3 个鸡蛋。孕妇、产妇、乳母、身体虚弱者以及进行大手术后恢复期的病人，需要多增加优良蛋白质，每天可吃 3~4 个鸡蛋，但不宜再多。四是加糖、加豆浆。鸡蛋与糖一起烹饪，二者之间会因高温作用生成一种叫糖基赖氨酸的物质，破坏了鸡蛋中对人体有益的氨基酸成分。值得注意的是，糖基赖氨酸有凝血作用，进入人体后会造成为害。所以应当等蛋制食物冷了之后再加入糖。另外有很多人喜欢在早餐的时候吃上一个鸡蛋一个面包，再加上一杯豆浆。其实大豆中含有的胰蛋白酶，与蛋清中的卵白蛋白相结合，会造成营养成分的损失，降低二者的营养价值。五是空腹。空腹过量进食牛奶、豆浆、鸡蛋、肉类等蛋白质含量高的食品，蛋白质将"被迫"转化为热能消耗掉，起不到营养滋补作用。同时，在一个较短的时间内，蛋白质过量积聚在一起，蛋白质分解过程中会产生大量尿素、氨类等有害物质，不利于身体健康。六是煎鸡蛋、茶叶蛋。有很多人喜欢吃煎鸡蛋，特别是边缘煎得金黄的那种，这个时候就要注意啦，因为被烤焦的边缘，鸡蛋清所含的高分子蛋白质会变成低分子氨基酸，这种氨基酸在高温下常可形成致癌的化学物质。茶叶蛋也应少吃，一方面是因为茶叶蛋反复的煎煮，其营养已经被破坏；另一方面就是在这个过程中茶叶中含酸化物质，与鸡蛋中的铁元素结合，对胃有刺激作用，影响胃肠的消化功能。

### 三、科学饮水

水是人类每天必不可少的营养物质。有试验证明，一个人只喝水不吃饭仍能存活几十天，但如果3天不喝水人就无法生存，可见水对人体健康十分重要。健康成年人每天约需2 500毫升水，因此要保持健康就必须注意每天摄入充足的水分。同时，喝水必须注意讲究科学，讲究卫生。一是不喝污染的生水。人类80%的传染病与水或水源污染有关。伤寒、霍乱、痢疾、传染性肝炎等疾病都可通过饮用污染的水引起。污染的水还可以引起寄生虫病的传播和地方性疾病等。因此，饮水要符合卫生要求。不要喝生水，要喝煮沸的开水。二是喝水要掌握适宜的硬度。水的硬度是指溶解在水中盐类含量，水中钙盐、镁盐含量多，则水的硬度大，反之则硬度小。水质过硬影响胃肠道消化吸收功能，发生胃肠功能紊乱，引起消化不良和腹泻。我国规定水总硬度不超过25度。建议一般饮用水的适宜硬度为10~20度。处理硬水最好的办法是煮沸，经煮沸后均能达到适宜的硬度。三是喝水要有节制。夏季气温高，人们多汗易渴。但一次喝水要适量，不要喝大量的水。即便是口渴的厉害，一次也不能喝太多水。这是因为喝进的水被吸收进入血液后，血容量会增加，大量的水进入血液循环就会加重心脏负担。要注意适当地分几次喝。四是喝水要适时适量。清晨起床后喝一杯水有疏通肠胃之功效，并能降低血液浓度，起到预防血栓形成的作用。剧烈运动或劳动出大汗后不宜立即喝大量水。进餐后消化液正在消化食物，此时如喝进大量水就会冲淡胃液、胃酸而影响消化功能。

## 四、科学喝奶

每年5月的第三个星期三，是"国际牛奶日"。随着人们养生意识的不断提高，牛奶已经越来越成为人们日常生活中不可或缺的健康"必需品"。在饮用时不要空腹喝牛奶。空腹喝牛奶会使肠蠕动增加。喝牛奶前先吃些淀粉类的食物或与馒头、面包等同食。牛奶不宜久煮。牛奶在煮沸后如果再继续加热，奶中的乳糖开始焦化，并逐渐分解为乳酸和少量的甲酸，维生素也被破坏，所以热奶以刚沸为度，不宜久煮。牛奶不宜过多冷饮。冷牛奶会增加肠胃蠕动，引起轻度腹泻，特别是患有溃疡病、结肠炎及其他肠胃病患者不宜过多饮冷牛奶。牛奶不宜与含鞣酸的食物同吃，如浓茶、柿子等。因为这些食物的鞣酸易与牛奶中的钙反应结块成团，影响消化。喝奶以每天早晚为宜。

## 五、什么时候吃水果最健康

水果有助于健康，"每天一个水果"是很多人的健康饮食的标准。但吃水果也应该讲究时间。早上最宜：苹果、梨、葡萄。早上吃水果，可帮助消化吸收，有利通便，而且水果的酸甜滋味，可让人一天都感觉神清气爽。人的胃肠经过一夜的休息之后，功能尚在激活中，消化功能不强。餐前别吃：圣女果、橘子、山楂、香蕉、柿子。有一些水果是不可以空腹吃的，如圣女果空腹吃，就会与胃酸相结合而使胃内压力升高引起胀痛。

山楂味酸，空腹食之会胃痛。饭后应选：菠萝、木瓜、猕猴桃、橘子、山楂，能增加消化酶活性，促进脂肪分解，帮助消化。夜宵安神：吃桂圆。夜宵吃水果既不利于消化，又因为水果含糖过多，容易造成热量过剩，导致肥胖。但如果睡眠不好，可以吃几颗桂圆，它有安神助眠的作用，能让你睡得更香。

## 第四节　预防职业病

职业病广义说是指在某个职业范围内的有害因素作用于劳动者而引起的特定疾病。也就是说人们在劳动中，当与职业有关的有害因素作用于人体的强度与时间超过了机体的代偿能力时，就可造成机体功能性或器质性的变化，并且出现相应的临床症状，影响劳动生产力。由于某些职业病目前尚缺乏有效的治疗措施，因此，必须加强预防，降低职业病的发生率。

### 一、职业病的特点

职业病不同于一般的疾病，与从事的工种或职业范围有关，其特点如下。

职业病的发病原因明确，控制了发病因素后可能会减少或消除发病。

职业病的病因能通过检验分析测出，并不是每次每人接触发病因素后都发病，只有长期接触使有害因素在体内蓄积达到一定量时才会发病。

发病时很少见于单个的病人，在某一环境中会出现一定比例的发病人群。

对职业病如能早期发现，及时合理治疗，改善工作环境，预后常较好。

由于多数职业病尚无特殊疗法，防治职业性疾病，关键在于普及医学卫生常识与职业病的有关知识，预防为主。

## 二、职业中毒的表现

职业中毒指在相应职业的劳动生产过程中发生的中毒。根据中毒程度不同分为急性中毒、亚急性中毒、慢性中毒。急性中毒指毒物一次大量进入人体引起的中毒。慢性中毒是毒物小剂量长期进入人体所致。亚急性中毒指在 3~6 个月的短时间内有大量毒物进入人体引起的中毒。职业中毒主要表现如下。

神经系统。逐渐出现头晕、头昏、头痛、失眠、记忆力减退，或出现哭笑无常、易发怒、烦躁，甚至痴呆等精神症状，也可有四肢末端痛觉减退或痛觉过敏、视神经炎，或肢体震颤、抽搐、昏迷等。

呼吸系统。表现为鼻炎、鼻前庭炎、咽炎、喉炎、气管炎、支气管炎，或胸痛、咳痰、咳血、发烧，也可出现明显呼吸困难、嘴唇发绀、咳大量粉红色泡沫痰等。

血液系统。可出现出血、贫血、溶血，小便呈酱油颜色。

消化系统。可出现恶心、呕吐、腹痛、腹泻等。

循环系统。有心慌、气促、胸闷，心电图可出现异常。

泌尿系统。出现尿频、尿急、尿痛，甚至血尿。

皮肤改变。可出现皮肤红斑、水肿、丘疹、水疱、溃疡或角化、皲裂等，皮肤也可出现烧伤、剧痛。

眼部改变。眼睛怕光、流泪、眼结合膜充血、水肿、溃疡等。

此外，职业中毒还可引起骨骼畸形改变、骨骼坏死等。

## 三、预防职业中毒

预防职业中毒的措施如下。

革新劳动工具，改善劳动条件。劳动环境要通风，对有毒的物品不要直接用身体接触等。

加强个人防护。凡参加接触有毒物质的劳动时应穿好防护衣，戴好手套、口鼻罩，穿好长靴，劳动结束后立即脱掉，洗净双手及可能污染的身体其他部位。

加强卫生宣传，搞好卫生保健。劳动者对所从事劳动的危险性要有初步的了解，劳动过程中随时加强自我防护，经常到医疗卫生部门检查身体，平时生活要加强营养，饮食中要富含蛋白质，增强机体抗病能力。

### 四、职业中毒的救治原则

职业中毒的救治原则是远离中毒现场，防止毒物继续进入体内，促进毒物从体内排泄，这是病因治疗；其次是缓解中毒所致的临床症状，促进身体恢复，这是对症治疗；再就是加强支持治疗，提高中毒者的抗病能力，早日康复身体。

急性职业中毒时，一是现场抢救。尽快将患者移至空气新鲜处，脱去患者被污染的衣服，用温水或肥皂水洗净皮肤，如有呼吸心跳停止者应立即实施口对口人工呼吸及心脏胸外按压。二是防止毒物继续吸收。患者送医院后，对现场皮肤清洗不彻底的患者应重复冲洗，如是口服中毒，应及早催吐、洗胃、导泻。三是加速机体毒物的排出与中和。可以大量输液排尿、透析治疗、使用特效解毒剂等。如金属中毒可用二硫基丙醇，中毒性高铁血红蛋白血症可使用美兰或维生素 C，氰化物中毒可给予亚硝酸钠，有机磷农药中毒用阿托品与解磷定等。

慢性职业中毒时，患者暂时不必参与接触毒品的劳动，适当休息或调换工种，加强营养，有症状时相应对症治疗，促进身体康复。

### 五、常见与劳动有关的职业病

1987 年我国规定的 99 种职业病中，主要指从事工业生产、农业生产的人员发生的职业病。单纯从农业生产而言，可以发生由化学因素、物理因素、生物因素引起的职业病。如农药中毒、尘肺、中暑、振动病、皮炎、炭疽、森林脑炎、布鲁氏菌病等。

## 第五节　维护环境卫生

"幸福生活不只在于丰衣足食，也在于碧水蓝天"，它形象地道出了优美的环境在人们现实生活中的重要地位。

### 一、保护环境很重要

在我们的部分农村地区，环境问题没有引起足够重视，已经成为影响人们生产生活的突出问题：一是人们环保意识淡薄，大家口袋鼓了，房子宽了，但污水随意倒，垃圾随地丢，"室内现代化，室外脏乱差"；二是饮用水源污染越来越严重，"70 年代淘米洗菜，80 年代洗衣灌溉，90 年代垃圾覆盖，21 世纪喝了就变坏"，就是部分农村饮用水质量下降的真实写照；三是超标大量使用高毒、剧毒农药和化肥，造成土壤板结，耕土质量也下降，农药瓶、化肥袋、塑料薄膜、塑料袋等到处乱扔，给农业可持续发展和粮食安全带来很大的为害。因此，改变我们的生产生活方式，加强农村环境保护，是不容回避的现实问题。

环境保护不仅关系经济社会的可持续发展，更是改善民生、提高生活质量的必然要求；不仅是造福当代百姓，更是荫及子孙后代的长远大计。正因为如此，我国把"保护环境，减轻环境污染，遏制生态恶化"作为一项基本国策。

我国环境保护坚持预防为主、防治结合、综合治理，谁污染谁治理、谁开发谁保护，依靠群众等原则。在新的发展阶段，必须高度重视环境保护工作，打好环境保护的攻坚战和持久战，促进经济社会健康协调发展。党的十七届五中全会明确提出了加快转变经济发展方式的新要求，这就迫切需要我们进一步树立环保意识，改变生产生活方式，大力发展生态农业和绿色经济，以环境保护优化农村经济发展，让山更青，水更绿，天更蓝，环境更静。

## 二、环境污染担责任

（1）造成环境污染，有下列行为之一的，由有关主管部门根据不同情节，给予警告或者处以罚款。

一是拒绝环境保护行政主管部门或者其他依照法律规定行使环境监督管理权的部门现场检查或者在被检查时弄虚作假的。

二是拒报或者谎报国务院环境保护行政主管部门规定的有关污染物排放申报事项的。

三是不按国家规定缴纳超标准排污费的。

四是引进不符合我国环境保护规定要求的技术和设备的。

五是将产生严重污染的生产设备转移给没有污染防治能力的单位使用的。

（2）建设项目的防治污染设施没有建成或者没有达到国家规定的要求，投入生产或者使用的，由有关主管部门责令停止生产或者使用，可以并处罚款。

（3）未经环境保护行政主管部门同意，擅自拆除或者闲置防治污染的设施，污染物排放超过规定的排放标准的，由主管部门责令重新安装使用，并处罚款。

（4）造成环境污染事故的企业事业单位，由主管部门根据所造成的为害后果处以罚款；情节较重的，对有关责任人员由其所在单位或者政府主管机关给予行政处分。

（5）对经限期治理逾期未完成治理任务的企业事业单位，除依照国家规定加收超标准排污费外，可以根据所造成的为害后果处以罚款，或者责令停业、关闭。

（6）造成环境污染为害的，有责任排除为害，对直接受到损害的单位或者个人赔偿损失。

（7）因环境污染侵害他人造成人身损害的，应当赔偿医疗费、护理费、交通费等为治疗和康复支出的合理费用，以及因误工减少的收入。造成残疾的，还应当赔偿残疾生活辅助器具费和残疾赔偿金。造成死亡的，还应当赔偿丧葬费和死亡赔偿金。

（8）造成重大环境污染事故，导致公私财产重大损失或者人身伤亡的严重后果的，对直接责任人员依法追究刑事责任。造成土地、森林、草原、水、矿产、渔业、野生动植物等资源的破坏的，依照有关法律的规定承担法律责任。

例如，某县村民何某等 4 人，从某工厂购回 3.32 吨装白砒灰的塑料编织袋，并转卖给村民秦某，秦某随即请来帮工在屋前的小河中漂洗袋子，袋子中的白砒灰随之进入水中，造成小河底泥砷含量严重超标，村民饮用这条小河的水后造成不同程度砷中毒。当地村民依法向公安机关举报上述违法行为，要求追究何某、秦某等 4 人的法律责任。后来司法机关以严重破坏环境资源与生态环境，导致严重环境污染，造成人身伤亡的严重后果为由，依法判处何某、秦某等 4 人的刑事责任。

### 三、环境维权渠道多

当环境违法行为造成财产损失或人身损害时，可通过以下六种途径维权。

一是向当地政府或环保部门举报，通过行政处理方式维权。

二是直接申请行政执法，终止环境违法行为，并要求得到补偿。

三是向人民法院提起环境侵权诉讼，要求终止侵权行为并赔偿损失。

四是对当地环保部门的不作为行为，通过行政诉讼来要求作为。

五是环境违法构成犯罪的，向公、检、法等司法举报机关举报，依法追究刑事责任。

六是通过新闻媒体曝光，发挥舆论监督作用。

# 第六节　家庭急救与护理

## 一、心肺复苏

指征：大动脉搏动消失，神志突然丧失。

急救：务必抢在呼吸、心跳停止 4 分钟之内进行，检查患者意识、呼吸及脉搏的时间应在 10 秒内完成。具体操作可参照以下几项。

先打急救电话，求救后迅速进行心肺复苏。

开放气道，进行口对口人工呼吸。操作前必须先清除病人呼吸道内异物、分泌物或呕吐物，使其仰卧在质地硬的平面上，将其头后仰。抢救者一只手使病人下颌向后上方抬起；另一只手捏住病人的鼻孔，正常呼吸后，缓慢向病人口中吹入，吹气时间应在 1 秒以上，保证有足够的气体进入并使胸廓起伏。对于呼吸停止的无意识患者，应先进行 2 次人工呼吸后开始胸外心脏按压。存在脉搏但呼吸停止的无反应患者，应给予人工呼吸而无须胸外按压，人工呼吸频率成人为 10~12 次/分钟，婴儿或儿童为 12~20 次/分钟。对于呼吸停止的无意识患者，应先进行 2 次人工呼吸后开始胸外心脏按压。

施行胸外心脏按压术。让病人仰卧在硬板床或地上，头低足略高，抢救者站立或跪在病人右侧，左手掌根置于病人两乳头连线和胸骨的交叉点，右手掌压在左手背上，肘关节伸直，手臂与病人胸骨垂直，有节奏地按压，每次使胸骨下陷 4~5 厘米，每分钟 100 次。每次按压保证胸廓弹性复位，按下的时间与松开的时间基本相同。按照 30∶2 的比例进行心脏按压和人工呼吸，即每进行 30 次心脏按压进行 2 次人工呼吸，中断时间不应超过 10 秒。

如果现场仅有一人，那么抢救时既要做心脏按压，又要做人工呼吸。如果现场除病人外，有两人或两人以上，那么最好一人施行人工呼吸；另一人做胸外心脏按压，每 2 分钟或完成 5 个周期的心脏按压和人工呼吸（每个周期 30 次心脏按压和 2 次人工呼吸）后交换心脏按压者，保证按压效率。

## 二、中暑

症状：高温环境持续一段时间后，全身疲倦、乏力，大汗、口干，注意力不集中，体温升至 37.5℃ 以上，脉搏加快，血压下降，恶心、呕吐。严重时，出现高热、昏厥、昏迷、痉挛。

急救：迅速离开高温环境，移至阴凉通风的环境。安静休息，用冰水或冷水湿敷身体，喝一些含盐清凉饮料。严重时，马上送医院急救。

## 三、煤气中毒

症状：轻者出现头痛、乏力、头晕、恶心，重者皮肤呈樱桃红色，呼吸困难和昏迷。

急救：立即切断煤气，把患者送至空气新鲜的地方，保持呼吸道通畅，并卧床、保暖，纠正缺氧，或送医院继续治疗。

## 四、烧烫伤

症状：烧烫伤后会引起局部皮肤、肌肉等病变、红肿、水泡、坏死，严重时造成合并感染、休克等全身变化。

急救：立即用凉水连续冲洗或湿敷受伤部位；避免受伤部位再损伤，避免伤口污染，稳定伤者情绪，止痛，注意保持呼吸道通畅，尽快送医院积极治疗。

## 五、电击伤

症状：轻者脸色苍白，对外界的反应短暂消失；重者立即昏迷，呼吸停止。

急救：立即撤离电源。如关闭电闸，断绝电路；因碰着破损电线或漏电电线而触电，可以用干燥的木棒、竹竿等绝缘工具将电线从触电者身上挑开。立即检查触电者的呼吸、心跳状况，如心跳十分微弱或刚停止，在现场应不失时机地进行心肺复苏。急救的同时，应马上送医院继续救治。

### 六、骨折

症状：骨折后将有症状包括畸形、活动反常，有骨擦音或骨擦感。局部症状是疼痛和压痛，出现肿胀、瘀斑和功能障碍；全身症状是休克、发热。

急救：首要的是抢救患者的生命，比如抗休克。其次是处理骨折，动作要轻柔、仔细，如有骨折的肢体，要用稳妥的方法来固定好，尽快送往医院治疗。

### 七、服错药物

症状：错服不同种类的药物，会相应出现不同的症状，如呼吸困难、口唇青紫或面色青白等。严重者发生休克，甚至死亡。

急救：迅速排出胃中毒药是急救的关键。一般可用手指或木棍刺激咽喉进行催吐；如先喂大量清水再催吐，能使毒物连水呕出，效果会更好。为减少毒物的吸收，可服用 500 毫升牛奶；豆浆或蛋清水（一杯水加放一只鸡蛋的蛋白）和藕粉稀糊，也有一定的解毒作用。若误服大量的安眠药，可迅速催吐，但误服具腐蚀性的药物如石炭酸，就不宜作催吐，应尽快喂服牛奶、豆浆、蛋清水等，使毒性得以缓解。

### 八、被狗咬伤

症状：被狗咬伤后如引发狂犬病，早期症状表现为：低热、惊恐不安，伤四周围有麻木、痒、痛等异常感觉，同时可伴有全身疼痛性抽搐。后期逐渐安静，痉挛停止，出现瘫痪，因呼吸、循环衰竭而死亡。

急救：在原地立即彻底冲洗伤口，是决定急救成败的关键。狗咬的伤口往往外四小里面深，所以冲洗时要设法扩大伤口，用力挤压伤四周围软组织，尽可能把沾染上的狗唾液冲洗干净，然后迅速送指定医疗点进一步冲洗伤口，并接种狂犬疫苗。

### 九、外耳道有异物

症状：眩晕，耳鸣、耳痛，出现听力障碍。

急救：若为活动性异物，如昆虫，可往外耳道滴入酒精或油类，使其停止活动，然后用器械或水冲洗使其掉落。如为植物性异物，且没有膨胀，可用异物圈将其取出，注意不能用钳夹去取，以免把其推入深处；若植物性异物已膨胀，可滴入95%酒精让其脱水后再取出。在取异物时碰到困难，应尽快去医院治疗。

# 主要参考文献

沈琼，夏林艳. 2019. 新型职业农民培训读本 ［M］. 北京：
　中国农业出版社.

张长新，张学勇. 2018. 新型职业农民学习读本 ［M］. 北
　京：中国农业出版社.

主要参考文献